JN260646

不思議で美しい石の図鑑

山田英春
yamada hideharu

創元社

❖　　は　　じ　　め　　に　　❖
「石のイメージ」の世界へ

　石という言葉に、どのような印象をもたれるだろうか。石のように沈黙する、石のように冷たい、石のように乾いた——ギリシア神話のメドゥーサの目が見るものを石化し、命を奪いとったように、石という言葉にはどこか、彩りに乏しく、活動を止めた、ものごとの終わりと結びつくイメージがつきまとう。石は動植物がみせる色鮮やかで多様な造形の世界の、対極にあるものとして受けとめられがちだ。
　だが一方で、世界には私たちの感受性に強くうったえる、彩り豊かで、躍動感溢れる造形をもった石が数多くある。液体が渦を巻きながら流れているかのような、または内側から雲が湧き上がっているような模様をもつ石、緻密な織物のような、巧緻を尽くした細工品のような複雑で美麗な模様の石、草花や鳥の羽毛や動物の斑紋によく似た模様をもった石、山々が連なり木々が茂る自然の景観を写し取ったかのような姿の石、または細胞の間を血管や神経が走る生物組織の細部のような姿をみせる石——。石の中に広がる形象の世界は、実に多種多彩で、驚きに満ちている。そこには自然界の様々な造形のエッセンスが凝縮されているかのようだ。
　石の模様は、熱、圧力、溶解、沈殿、混合、冷却、固化、変質、破壊、風化、再形成といった、様々な作用によって作り上げられたものだ。それは、数千、数万、数百万、あるいは数億年という長い時間をかけた地球の活動の産物であり、日々とどまることなく変化しつづける、地球の生の記録の断片だ。
　この生の記録には、生物の活動も含まれている。貝や珊瑚から溶け出した炭酸カルシウムは堆積して石

灰岩を作り、マグマの熱によって変質した石灰岩は美しい模様をもって輝く大理石になる。また、地上に溢れ出た溶岩に含まれるシリカは水に溶け、珪藻類などの微生物に取り込まれ、骨格や殻などになるが、死後再び溶解して沈殿した後、美しいオパールや瑪瑙などの貴石となって私たちの前に現れることがある。石の模様は、地球上で無機物、有機物全てを巻き込みながら進行している大きな循環の一断面だと言ってもいい。

　私たちが石の模様を見て心を動かされ、美しいと感じるのは、それが、私たちがその一部である自然の、文字通り、本質（ネイチャー）にかかわるものだということを、直感的に知っているからかもしれない。

　本書は石が見せる造形の世界を、瑪瑙、ジャスパーなど、石英を主な成分とする石を中心に紹介している。「美しい石」と銘打っているが、宝石や大きな鉱物の結晶、均質で模様に乏しい岩石や貴石などは登場しない。複数の鉱物が混じり合って、ひとつの石塊になったとき、そこにどのような色や形が生まれるのか、主に原石の切断面の図像で構成している。

　かつて、石の学問は、石のもつ姿形の細かな違いに関心をはらい、記述するものだった。異なった色、異なった姿の石には異なった起源、異なった性質があると考えられていた。これに対して、化学的組成を機軸とする近代の鉱物学では、成分を同じくするものは大幅に統合整理され、石の模様の違いなどは、あまり本質的な問題として扱われなくなっている。本書の大きな部分を占める瑪瑙やジャスパーなどには、他の鉱物や岩石を圧倒する、一冊の書籍には到底収まりきらないようなバリエーションがあるが、鉱物学的分類からすると、不純物を多く含んだ石英のグループとして、岩石・鉱物図鑑のほんの1、2頁にまとめられてしまう。これほど多種多彩な姿をもって私たちの前に現れているものを、成分上大差のない、似たようなものとして片づけてしまうのは、自然への理解を深めるアプローチとしては少し物足りない。

また、日本には石の姿形、模様を愉しむ観賞石の文化が長く根付いているが、それは個別の石の表情そのものにかぎりなくこだわるもので、鉱物的な性質、体系の理解へと進む筋道にやや欠けるところがある。この本が、一般的な岩石・鉱物図鑑と観賞石の図録の間の溝を埋めるものになればと願っている。

　本書では、人々が石の模様に何を感じ、何を見、どのように考えたかという、石の模様と人との関わりの歴史についてもふれている。
　人の歴史は石を手にするところから始まる。石は道具として多くの実用性をもたらすものであると同時に、様々な文化表現の源でもあった。石が作り出す色彩と形象は常に人を魅了し、想像力を喚起してきた。人々は大理石の、瑪瑙の、孔雀石の模様に人為を超えた美しさを見出し、磨き、護符として身につけ、宝物として珍重してきた。模様の中に何らかの意味のある形を探し、石の模様には世界の縮図が、あるいは天地創造にかかわる秘密が隠されていると考えた人たちもいれば、様々な美石をはるばる遠方から運ばせ、自らの権勢を誇示した者もいた。石にはどこか人の心の奥底にはたらきかける力があり、合成樹脂やガラス工芸などの技術が進んだ現在でも、私たちは天然石のもつ不思議な魅力に引きつけられている。
　「石が見せる造形」は、「人が見出す石の造形」にほかならない。同じ模様の石を前にしても、文化の、時代の違いによって見えるものは変わってくる。本書では、石を成分や産地などについて分類しながら、同時に模様の傾向を意識した配列、また「風景石」といった、「模様の見え方」をテーマにした章建てを試みた。石の図像（イメージ）、そして、石が人の意識に投影するもの（イメージ）という、両方の意味での、「石のイメージ」の世界にふれていただければと思う。

Contents 不思議で美しい石の図鑑 ❖ 目次

はじめに 「石のイメージ」の世界へ———001

瑪瑙の世界　005

瑪瑙とはなにか———006

縞瑪瑙　010
メキシコの縞瑪瑙———012
アルゼンチンの縞瑪瑙———022
ボツワナ・アゲート———030
ドライヘッド・アゲート———034
ブリテン島の縞瑪瑙———036
オーストラリアの縞瑪瑙———037

レース・アゲート———040

インクルージョンのある瑪瑙———048
デンドリティック・アゲート———049
プルーム・アゲート———052
モス・アゲート———058
セージナイト・アゲート、チューブ・アゲート———060
仮晶の瑪瑙———064

サンダーエッグ———068

複合的な瑪瑙———082

ジャスパーの世界　095
オーシャン・ジャスパー———096
円形の模様のあるジャスパー———100
モリソナイト———102
ウィロー・クリーク・ジャスパー———103
様々なジャスパー———104
フリント———108
石灰岩、苦灰岩———109
流紋岩———110

石は描く　113

セプタリアン・ノジュール———114
孔雀石———122
クリソコラ、アズライト———124
チャロアイト———125
コロイト・オパール———126
ラリマー———127
ティファニー・ストーン———128
バリッシャー石———129
セラフィナイト———130

菱マンガン鉱———131
タイガーズアイ、タイガーアイアン、ピーターサイト———132
ラブラドライト———134
シャーレンブレンド———135
鉄隕石———136

風景石の世界　137
風景石の謎———138
バエジナ・ストーン———142
様々な風景石———147
オワイヒー・ピクチャー・ジャスパー———149
ビッグズ・ジャスパー、デシューツ・ジャスパー———150

石化した世界　153
珪化木———154
珪化した動物の化石———156
瑪瑙化した恐竜の骨———158
瑪瑙化した恐竜の糞———160

ビジュアル・コラム
石のなかの目玉———028
時に磨かれて———038
瑪瑙と伝説———045
瑪瑙を採る、切る、磨く———062
サンダーエッグ伝説———070
日本の瑪瑙・ジャスパー———078
人造か天然か———094
文字の石———112

掲載標本データ———162
索引———169
参考資料一覧———173
あとがき———174

●本書に収録されている標本は、特にクレジットがないかぎり全て著者が所蔵、写真も著者が撮影したものである。○○ Collection、または○○氏所蔵と記載があるものは、写真の著作権も所蔵者に帰属する。
●各標本の説明は標本写真の近くに日本語による岩石・鉱物名と簡易な産地情報を、巻末に英語による詳細な情報を記載した。また、特別な貴石名、流通名がある場合は、日本語・英語それぞれ（　）内に記載している。産地に関しては標本によって詳しい情報が得られないものがあり、その場合、国名、地方名など、明らかになっている範囲で記載した。
●原則として標本写真は実寸ではなく、頁構成に応じて拡大・縮小表示しているが、特に原石の一部を大きく拡大しているものに関してのみ、おおまかな拡大率を表示した。

WORLD OF AGATES

瑪瑙の世界

瑪瑙ほど、曖昧でとらえにくい石はない。そこには傾向・特徴はあるが定型は存在しない。同じ場所から掘り出されたものでも、ひとつとして同じ姿のものはなく、塊の切り方によっても全く異なった形を見せる。様々な他種の鉱物を内に取り込みながら姿を変え、ひとつの鉱物名を与えることが不適当と思えるほど、変幻自在だ。色彩と形象のめくるめく世界の中から、際立って特徴的なものを紹介する。

001. 瑪瑙（ラグーナ・アゲート）
Ojo Laguna, Chihuahua, Mexico

WHAT ARE AGATES?
瑪瑙とはなにか

貴石や鉱物に詳しくなくても、瑪瑙という言葉を聞いたことがないという人は少ないのではないだろうか。瑪瑙は印鑑やかんざしの玉、古くは根付けなどにも多用されてきた身近な素材だ。飾り石としても一時広く普及したので、玄関や床の間にそれらしきものがあるという家も多いかもしれない。だが、その定義はとても曖昧だ。

瑪瑙という名は中国由来で、馬脳とも書く。文字通り姿が馬の脳みそのように見えることからこの名がついたのだと言われている。16世紀明朝中国の学者・李時珍の『本草綱目』には「馬脳」の項目があり、以下のように書かれている。

「胡人は馬が口から吐き出したものだなどと言うが妄言だ」と。

胡人とは北方や西方の騎馬民族などを指している。現在のモンゴル、内モンゴル地方に広がるゴビ砂漠には瑪瑙の転石が数多くみられるが、長い歳月砂に削られ、磨かれた瑪瑙の団塊の表面は、独特な凹凸をもちつつも滑らかで、柔らかい生体組織のような印象がある。特に乳白色のものは、馬の脳が石化したと考えられたのもどこかうなずける。

瑪瑙は石英の一種だ。石英（quartz＝クオーツ）はシリカ（SiO_2＝二酸化ケイ素）が結晶したものだが、中でも目に見える大きさで六角柱状に結晶したものを水晶と呼び、目に見えない、ごく微小なファイバー状結晶が集合し、塊になったものを玉髄（chalcedony＝カルセドニー）と呼ぶ。この玉髄に様々な成分が混じることによって色や模様のバラエティーが生まれる。

欧米の宝飾の世界では、酸化鉄と熱の作用でオレンジ・赤茶色の色がついた玉髄をサード（sard）、赤味の鮮やかなものをカーネリアン（carnelian）、ニッケルを含んだ緑色のものをクリソプレーズ（chrysoprase）、平行の縞模様が入ったものをオニキス（onyx）、この縞模様が赤茶系のものをサードオニキス（sardonyx）と呼び、さらに色・縞模様が美しく変化に富んだものをアゲート（agate）と呼ぶ。

また、シリカが泥や火山灰などの堆積物などと混じって固化し、石英質になった岩石はチャートと総称されるが、この中で、石英の結晶が微細な粒子状で、酸化鉄などの成分を多く含み、赤、茶、緑などの濃い色がついた硬質なものはジャスパー（碧玉）と呼ばれる。ジャスパーは基本的に不透明で、様々な色と模様のバリエーションをもっている。

シリカの微小な球が積み重なった構造をもち、水分を含んだものはオパールと呼ばれる。白く濁ったものはコモン・オパール、光の回折効果があり、七色の光彩を放つ「遊色」があるものはプレシャス・オパールと呼ばれ、

003. 瑪瑙（カーネリアン）
北海道枝幸郡歌登町産

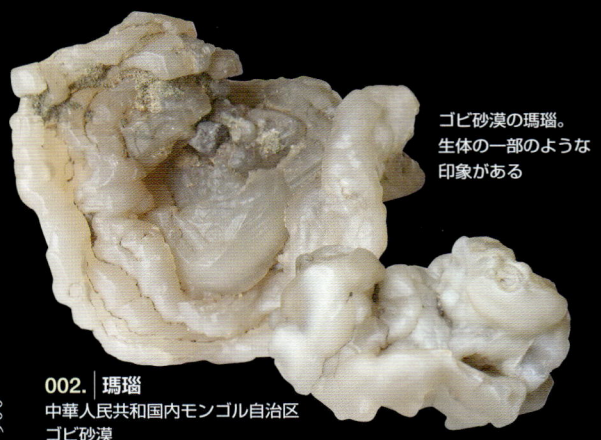

004. 瑪瑙
（サードオニキス）
Schlottwitz, Glashütte,
Saxony, Germany

ゴビ砂漠の瑪瑙。
生体の一部のような
印象がある

002. 瑪瑙
中華人民共和国内モンゴル自治区
ゴビ砂漠

後者は宝石として取引されている。瑪瑙、ジャスパー、オパールはひとつの石の中に同居している場合も多い。

　アゲートという名は非常に古くから使われているもので、ギリシア時代の文献にしばしば登場するが、シチリア島のアカテス川（achates、現在のDrillo川と考えられているが、異論もある）に由来する。
「瑪瑙」はこの「アゲート」にほぼ対応する名だが、これらは宝石・貴石の世界での慣例に基づいた呼び名なので、明確な分類とはいえない。日本では玉髄はほとんど全てが瑪瑙と呼ばれている。たとえば北海道の礼文島にはメノウ浜という観光名所があるが、ここで拾えるものは無色半透明で模様のない玉髄で、これは海外では一般的にはアゲートとは呼ばれない。また、ジャスパーとの境界も曖昧なところがあり、島根県玉造町で古くから採れる青緑のジャスパーは「青瑪瑙」と呼ばれている。本書では、瑪瑙という言葉を、欧米のアゲートと近い用法で使いたいと思うが、オニキスの類も瑪瑙の一種として紹介することにする。

　瑪瑙はとてもありふれた鉱物で、世界各地で採れる。宝石の世界では、「半貴石 =semi-precious stone」、つまり貴石の下の「半」貴石というランクに属する。鑑賞用の石としても、日本で流通している瑪瑙の多くが安価な無色の瑪瑙に人工的に着色加工したもので、良質なものがほとんど入ってこないこともあり、同じ成分を主とする水晶に比べると、鉱物愛好家の関心もあまり高くない。だが、質の良い瑪瑙を見て、その模様の多種多彩なバリエーションを知ると、これほど面白く魅力的な石はない。それは天然の調合室の中で作り出された、非常に緻密で複雑な造形物であり、握り拳大ほどの石の塊の中に形と色のあらゆる可能性が閉じこめられているといっても言い過ぎではない。水晶などの鉱物の結晶の魅力が幾何学の公理のような簡明さ、純粋さ、普遍性をもった、彫刻的な魅力だとすれば、瑪瑙には、偶然性と規則性が入り混じった、複雑で、有機的な、絵画的な魅力がある。

005. | 瑪瑙
Waldhambach,
Pfalz, Germany
Johann Zenz Collection

溶岩が冷える過程でできた無数の気泡の跡に瑪瑙が生成している様子

　瑪瑙は玄武岩、流紋岩などの火山岩（噴出した溶岩が冷えて固まったもの）の中にできた気泡の跡などの空隙、または岩の亀裂や隙間の中にシリカを多く含んだジェル状の溶液が流れ込み、シリカが沈殿することによってできるものと、石灰岩や泥岩などの堆積岩の中にシリカが染み入ってできるタイプのものがある。気泡などに出来る瑪瑙は団塊状に、亀裂や隙間にできる瑪瑙は板状・脈状になる。大きさはごく微小なものから、中には直径が1mを超える団塊まであり、生成された年代は古いもので10億年以上前、比較的新しいもので約1千万年前と考えられている。

　瑪瑙には玄武岩、石灰岩などの母岩中深くに入ったままのものもあるが、風化や地殻変動などで母岩から離れ、氷河や河川によって移動し、長い年月の末、地表に露出したものもある。川を流れた瑪瑙が海底や湖に沈み、再

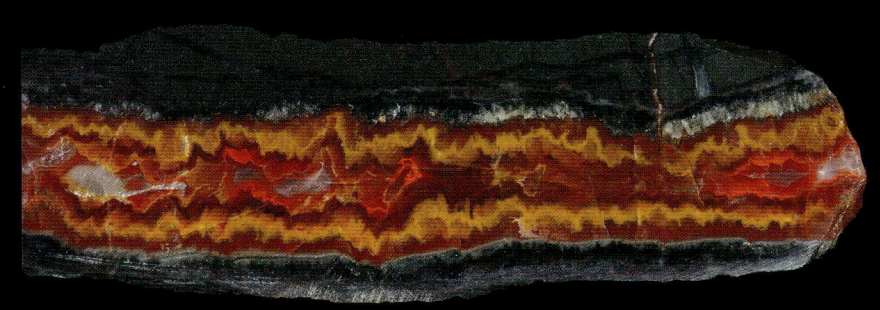

006. | 瑪瑙
Bay of Fundy,
Nova Scotia, Canada

玄武岩の亀裂に、板状に生成した瑪瑙

びうち上げられることもある。人と瑪瑙との出会いは、そうした地表や海岸・河原での転石を拾うところから始まったに違いない。

　瑪瑙と人との関わりは長い。非常に硬く、砕くと鋭い断面が生まれるため、石器時代には石器・矢じりなどに加工された。また、日本では火打ち石としても長く使われてきた。

　赤系統を主としつつも、水色、青、紫などの寒色系、まれに黄色、緑色と色彩豊かで、透明感があり、美しい縞模様をもち、磨くと高い光沢が得られるため、宝飾用としても非常に長い歴史をもっている。西アジア、中近東では数千年前の瑪瑙の装飾品が発見されている。ギリシア・ローマ時代には精緻なレリーフを施した瑪瑙製のカメオもたくさん作られた。

　良質な瑪瑙の産地を多く有するドイツでは中世から加工業が盛んで、中心地イダー・オーバーシュタインには、瑪瑙のカット、研磨、着色などを行う大規模な工房があり、18-20世紀初頭には世界各地に製品を輸出していた。その後、加工業の中心は日本の甲府（1930-80年代が最も盛んだった）、台湾、中国などに移り、現在でも、瑪瑙は装飾品や工芸品に多用されている。

　美しい色彩と模様をもつ瑪瑙だが、原石の外見は色味のない、岩石の肌と大差ないものがほとんどだ。これを

焦げ茶と白のオニキスを彫って作られた、紀元前3世紀頃のギリシアのカメオ。エジプトのプトレマイオス2世と妻のアルシノエ2世が彫られている。最も上の茶色い層がヘルメットや服に、その下の白い層を人物の顔の部分に、背景にさらに下の焦げ茶の層が出るように作られている（Kunsthistorisches博物館、ウイーン）

割り、あるいは機械でカットしないかぎり、中の造形に触れることはできない。本書ではそのカット面の模様を紹介していくわけだが、大きく分けると、瑪瑙と名がついているものの模様には次の二つのタイプのものがある。

●縞瑪瑙──最も一般的な瑪瑙の模様で、水平の層が積み重なってできた縞模様をもつもの、タマネギのように、同心状に層が重なることによって、カットすると同心円

現パレスチナ、ガザ地区で出土した紀元前2000-1000年頃の瑪瑙製のネックレス（photo：Lessing／PPS）

007. 風化した瑪瑙と紫水晶
Chihuahua, Mexico
風化して透明感と色彩を失った瑪瑙を砕いたもの。薄い層がタマネギの皮のように同心状に重なっている構造が見てとれる。中心部分に紫水晶の結晶がある

MINÉRALOGIE. *Théorie des Agates.* Pl. II.
SILEX.

1. AGATE onix, avec son écorce.
2. AGATE onix, à zones innombrables.

MINÉRALOGIE. *Théorie des Agates.* Pl. III.
SILEX.

1. APHANITE avec nodules pisaires d'Agate.
2. SILEX calcédonieux mamelonné, avec calcédoine étendue comme une membrane sur les sommets des mamelons.

1820年に発表されたジョルジュ・キュヴィエ『Dictionnaire des sciences naturelles（自然科学事典）』の中の挿し絵。縞瑪瑙の断面（左）と、火山岩中の空隙に無数の瑪瑙が入っている様子（右上）と、玉髄の塊（右下）の姿が描かれている

状の模様が現れるもの、レース織のような複雑な褶曲の縞模様をもつものなど、バリエーションがある。縞模様がどのようなプロセスでできるかについては諸説あるが、シリカを含む溶液が母岩の空隙に充填され、シリカが沈殿し、結晶が出来ていく際、溶液の量、圧力、シリカの濃度の違いなどによって空隙の内壁面に沿って層ができていくもの、重力にしたがって水平な層が積み重なっていくものなどの違いが生まれると考えられている。ひとつの瑪瑙の構造ができ上がるのに要した時間に関しても、数万から数十万年、あるいは千年ほどと、諸説ある。

●インクルージョン（包有物）のある瑪瑙──瑪瑙の形成過程で、または形成した後に、マンガンや酸化鉄などの結晶が入り込むことで、様々な模様が生み出される。

マンガンなどが瑪瑙の層の間に染み入り、樹状の模様を作り出しているものをデンドリティック・アゲート、羽毛のような、植物のような形の模様を見せているもの

をプルーム・アゲート、苔や水草が入っているように見えるものをモス・アゲート、針状の金属を芯にしてチューブのような構造が見えるものをチューブ・アゲート、細い繊維状の鉱物の結晶が放射状に入っているものをセージナイト・アゲートと呼ぶなど、形によって様々な名がつけられている。

これ以外にも、他の鉱物の結晶が消えた後に、その形だけ残して瑪瑙の結晶がつくられている「仮晶」の瑪瑙、薄くスライスした縞瑪瑙を光にかざすと虹色の分光現象がみられるイーリス・アゲート、泡が集まったような形（仏頭状と呼ぶ）に成長した玉髄の表面に虹色に光る酸化鉄の膜ができ、さらにそれが透明な玉髄に覆われているファイアー・アゲートなど、瑪瑙のバリエーションは非常に多い。

本書は、瑪瑙の産地、種類などの全てを紹介するものではないが、良質な瑪瑙の産地に重点をおく形で、その魅力を紹介していきたい。

008.

自然が生んだ究極の工芸──
縞瑪瑙

BANDED AGATES

縞瑪瑙の繊細で精緻な模様は、玉髄が層を作りながら周期的に成長した痕跡だ。その詳しいプロセスは未だ完全にはわかっていない。タマネギのように同心状に層ができているもの、平板な層が水平に積み重なったもの、激しく褶曲したもの、リボンの入ったビー玉のように透明な玉髄の中に色鮮やかな縞の帯が踊っているものなど、形は様々だ。細かなものでは1mm幅に数百とも言われる層が織りなす造形は、自然が作り出した究極の工芸品といってもいいかもしれない。

　同心状の縞瑪瑙の構造を、スケールを大きくしてたとえてみよう。洞窟の中の壁面に壁土を吹きつけ、乾いたらその上に違う色の壁土を重ねるというプロセスを繰り返したとすると、塗り重ねた壁土の分だけ、洞窟内部の空間は狭くなり、最後は部屋が壁土で充填される。この、洞窟内部の壁土の塊全体が縞瑪瑙、洞窟の周囲の岩盤が瑪瑙の母岩に相当する。この構造の瑪瑙の塊を半分に切ると、同心状の模様が現れるわけだ。縞模様は均整のとれた同心円状のものもあれば、角張った形が反復しているものもある。後者は古い城塞＝fortを上から見た形にも似ていることから、フォーティフィケーション・アゲートとも呼ばれる。日本を含む世界各地で採れるが、高品位と評価される物が採れる産地に焦点をあてて紹介する。

❖ BANDED AGATES　縞瑪瑙

010. 瑪瑙（ラグーナ・アゲート）
Ojo Laguna, Chihuahua, Mexico

BANDED AGATES FROM MEXICO
メキシコの縞瑪瑙

メキシコ北部、米国と国境を接するチワワ州が同名の小型犬の原産地であることを知っている人は少なくないが、世界で最も美しい縞瑪瑙が採れる場所ということは、あまり知られていない。乾燥した広大な荒れ地の下は良質な瑪瑙の宝庫だ。

第二次大戦後、テキサス州の国境の町エル・パソから南下してチワワ州都に至る国道が開通すると、20世紀初頭に少量採取され、ドイツの鉱物学者の文献で言及されたきりになっていた幻の瑪瑙を探索に訪れる者が多く現れる。彼らが鉱物市場に持ち込んだのは、それまでに知られていたどんな産地の瑪瑙よりも色鮮やかで、緻密な模様をもつものだった。

特に、オホ・ラグーナの町周辺で採取されたラグーナ・アゲートは、その非常に繊細な縞模様、バリエーション豊かな色彩で、縞瑪瑙の最高峰としての評価を得、現在もコレクターや宝飾デザイナー垂涎の的となっている。

ラグーナ・アゲートと名のつく瑪瑙の採掘地はこれまでに10以上あり、産地によって質的なばらつきもあるが、この名は美しい縞瑪瑙の代名詞、一種の商標のようにして使われている。

BANDED AGATES 縞瑪瑙

011. 瑪瑙（ラグーナ・アゲート）
Ojo Laguna, Chihuahua, Mexico

012. 瑪瑙（ラグーナ・アゲート）
Ojo Laguna, Chihuahua, Mexico

013. 瑪瑙（ラグーナ・アゲート）
Ojo Laguna, Chihuahua, Mexico

Banded Agates from Mexico

014. 瑪瑙（ラグーナ・アゲート）
Ojo Laguna, Chihuahua, Mexico

015. 瑪瑙（ラグーナ・アゲート）
Ojo Laguna, Chihuahua, Mexico

017. 瑪瑙（ラグーナ・アゲート）
Ojo Laguna, Chihuahua, Mexico

016. 瑪瑙（ラグーナ・アゲート）
Ojo Laguna, Chihuahua, Mexico

　チワワ州産の縞瑪瑙は比較的「若い」瑪瑙だ。ラグーナ・アゲートの母岩は約3800万年前にできた安山岩で、風化や地殻変動などの影響をあまり受けていないため、亀裂などのダメージが少ない。縞模様は細かく褶曲の多い複雑なもので、美しいフォーティフィケーション・アゲートが数多くみられる。団塊をカットするとしばしば、シリカを含む溶液が流れ込んだ入り口が現れ、これが全体の模様に柔らかく、流れるような動感を与えている（No.018の右上のような部分）。
　チワワ州の瑪瑙にいちばん多くみられるのは酸化鉄の影響を受けた黄－赤系の色彩だが、濃い青や紫色がしばしば出てくるのが、この地域の瑪瑙の特徴でもある。黄－燈色－赤－赤紫－青－まれに緑と、ひとつの瑪瑙に極彩色といえる色彩がそろっていることさえある。

018. 瑪瑙（ラグーナ・アゲート）
Ojo Laguna, Chihuahua, Mexico

019. 瑪瑙（ラグーナ・アゲート）
Ojo Laguna, Chihuahua, Mexico

Banded Agates from Mexico

020. | 瑪瑙（ラグーナ・アゲート）
Ojo Laguna, Chihuahua, Mexico

021. | 瑪瑙（ラグーナ・アゲート）
Ojo Laguna, Chihuahua, Mexico

022. 瑪瑙（ラグーナ・アゲート）
Ojo Laguna, Chihuahua, Mexico
※約625%に拡大

BANDED AGATES FROM MEXICO

023. 瑪瑙（ラグーナ・アゲート）
El Conejeros Mine, Ojo Laguna,
Chihuahua, Mexico

024. 瑪瑙（ラグーナ・アゲート）
Ojo Laguna, Chihuahua, Mexico

BANDED AGATES　縞瑪瑙

025. 瑪瑙（ラグーナ・アゲート）
Ojo Laguna, Chihuahua, Mexico

026. 瑪瑙（ラグーナ・アゲート）
Ojo Laguna,
Chihuahua, Mexico

027. 瑪瑙（コヤミト・アゲート）
Rancho Coyamito, Chihuahua,
Mexico
Alan Meltzer Collection

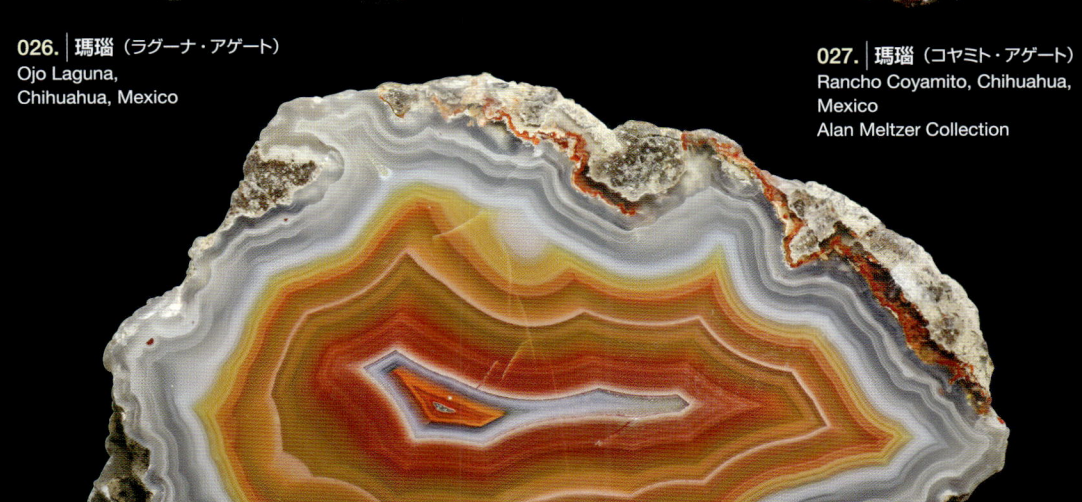

028. 瑪瑙（ラグーナ・アゲート）
Ojo Laguna, Chihuahua, Mexico

019

チワワ産瑪瑙の多くは産地である放牧地や集落の名前で流通している。青、紫、ワインレッドの縞模様が美しく、チューブ、モスなどのインクルージョンも特徴のアグア・ヌエヴァ、パステルカラーの繊細な縞瑪瑙のモクテズマ、カラフルな縞模様とあられ石の六角柱状の結晶の仮晶を特徴とするコヤミト、透明度が高く緻密な縞模様のグレゴリオなど、これまでに発見された産地は100以上に及ぶと言われている。

029. 瑪瑙（コヤミト・アゲート）
Rancho Coyamito, Chihuahua, Mexico
Alan Meltzer Collection

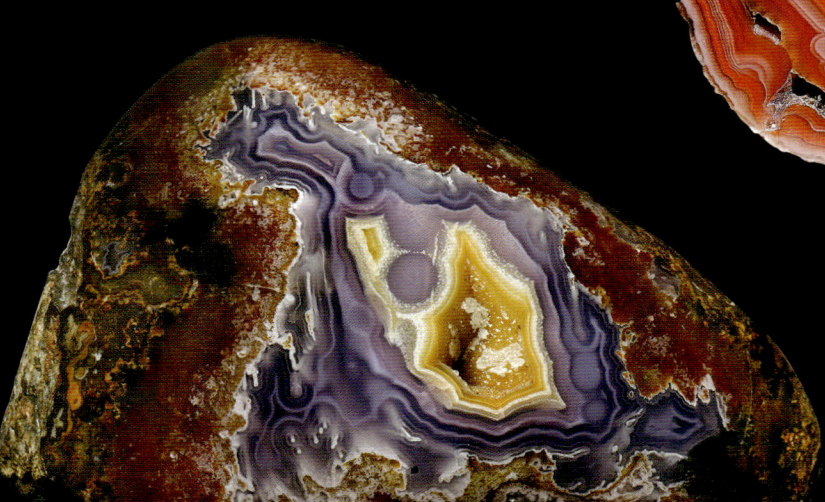

BANDED AGATES FROM MEXICO

030. 瑪瑙（アグア・ヌエヴァ・アゲート）
Rancho Agua Nueva, Chihuahua, Mexico

031. 瑪瑙（アグア・ヌエヴァ・アゲート）
Rancho Agua Nueva, Chihuahua, Mexico

BANDED AGATES　縞瑪瑙

032. 瑪瑙（グレゴリオ・アゲート）
Rancho Gregorio, Chihuahua, Mexico
Johann Zenz Collection

033. 瑪瑙（ラグーナ・アゲート）
Ojo Laguna, Chihuahua, Mexico

034. 瑪瑙（コヤミト・アゲート）
Rancho Coyamito, Chihuahua, Mexico

035. 瑪瑙（ラグーナ・アゲート）
Ojo Laguna, Chihuahua, Mexico

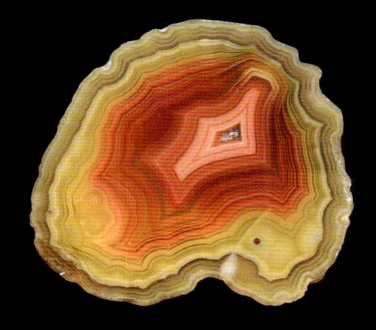

036. 瑪瑙（ラグーナ・アゲート）
Ojo Laguna, Chihuahua, Mexico

037. 瑪瑙（コヤミト・アゲート）
Rancho Coyamito, Chihuahua, Mexico
Alan Meltzer Collection

038. 瑪瑙（ラグーナ・アゲート）
Ojo Laguna, Chihuahua, Mexico

039. 瑪瑙
Chihuahua, Mexico

040. 瑪瑙（ラグーナ・アゲート）
El Mesquite Claim,
Ojo Laguna, Chihuahua, Mexico

041. 瑪瑙（ラグーナ・アゲート）
Ojo Laguna, Chihuahua, Mexico

042. 瑪瑙（スノーボール・アゲート）
Los Medanos, Chihuahua, Mexico

043. 瑪瑙（モクテズマ・アゲート）
Estacion Moctezuma, Chihuahua,
Mexico

044. | 瑪瑙（コンドル・アゲート）
Canon del Atuel, San Rafael, Mendoza, Argentina
※約370％に拡大

BANDED AGATES FROM ARGENTINA
アルゼンチンの縞瑪瑙

目の覚めるような色彩と美しい縞模様をもつ瑪瑙が「コンドル・アゲート」の名で鉱物市場に登場したのは1992年のことだ。アルゼンチン南部に広がる広大な秘境・パタゴニアの山中から、ロバの背に荷を載せ、油断ならない地元の人夫を銃で見張りながらはるばる運んだというストーリーとともに紹介され、絶賛をもって迎えられたが、この話のかなりの部分は希少価値を高めようとしたディーラーによって脚色・誇張されたものだった。そもそも産地そのものが嘘だったのだ。

「コンドル・アゲート」として紹介された縞瑪瑙はアルゼンチン中部の州、メンドーサ地方のサン・ラファエル周辺から採れるものの総称だったのだが、産地や採掘にまつわる話が偽りであったということは、この瑪瑙の価値を少しも低めるものではなかった。発見以来、メキシコ北部の縞瑪瑙と並んで、良質な瑪瑙としての地位を確固たるものにしており、新たな産地が次々に発見されている。

BANDED AGATES 縞瑪瑙

045. 瑪瑙（コンドル・アゲート）
San Rafael, Mendoza, Argentina

046. 瑪瑙（コンドル・アゲート）
San Rafael, Mendoza, Argentina

◆ WORLD OF AGATES　瑪瑙の世界

047. 瑪瑙（コンドル・アゲート）
San Rafael, Mendoza, Argentina

048. 瑪瑙（コンドル・アゲート）
San Rafael, Mendoza, Argentina

049. 瑪瑙（コンドル・アゲート）
San Rafael, Mendoza, Argentina

050. 瑪瑙（コンドル・アゲート）
San Rafael, Mendoza, Argentina

051. 瑪瑙（コンドル・アゲート）
San Rafael, Mendoza, Argentina

052. 瑪瑙（コンドル・アゲート）
San Rafael, Mendoza, Argentina

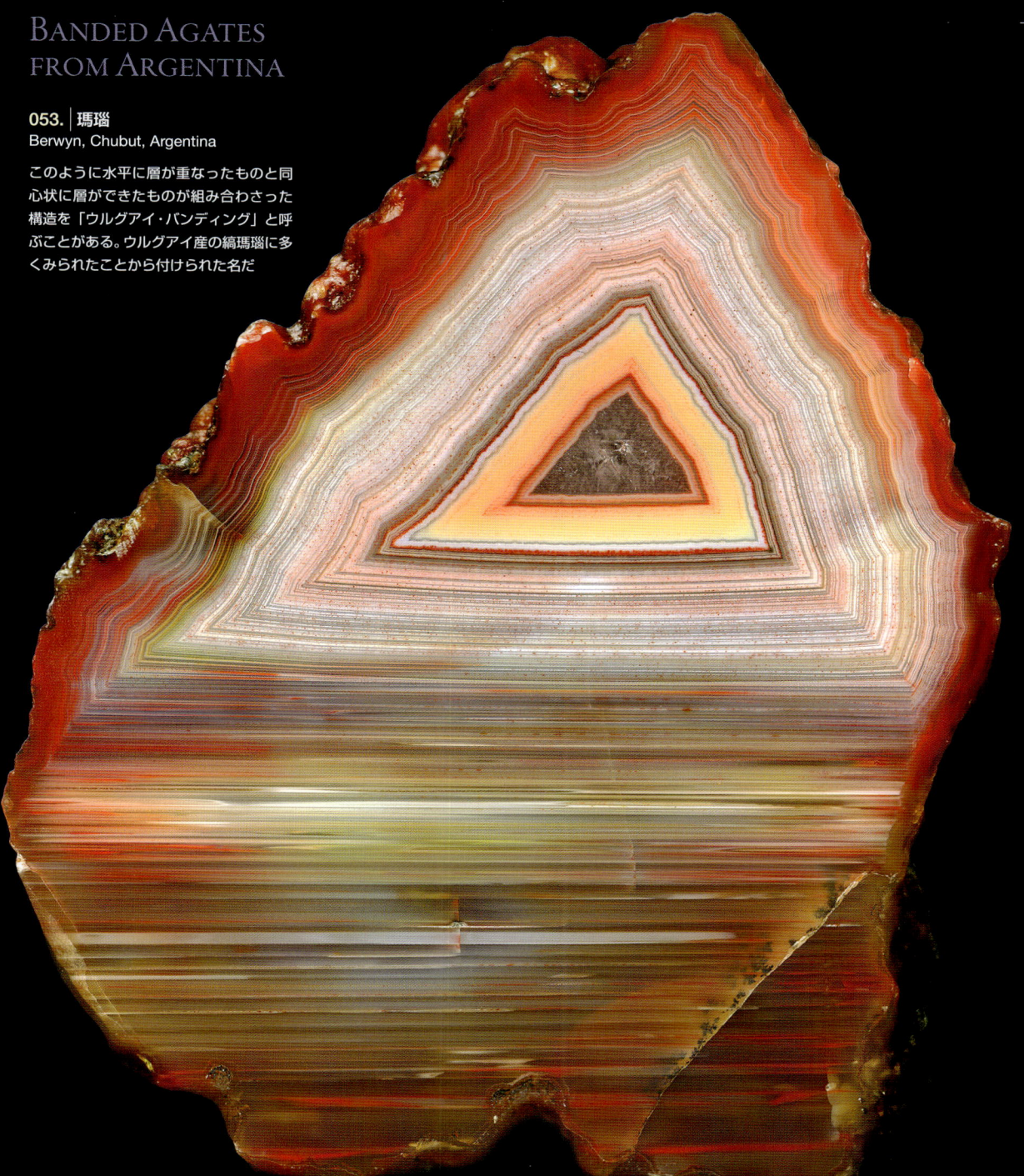

BANDED AGATES FROM ARGENTINA

053. | 瑪瑙
Berwyn, Chubut, Argentina

このように水平に層が重なったものと同心状に層ができたものが組み合わさった構造を「ウルグアイ・バンディング」と呼ぶことがある。ウルグアイ産の縞瑪瑙に多くみられたことから付けられた名だ

「コンドル・アゲート」がパタゴニア産であるという間違った情報が流れてからちょうど10年後の2002年、本物のパタゴニア産の瑪瑙がバーニー夫妻によって採集され、鉱物市場に登場した。ブエノスアイレスから約3000km、砂漠地帯を延々と走る探索行で新たにいくつかの産地が発見されたが、特にチュブ州バーウィン産の瑪瑙は、独特なパステル調の柔らかい色味を特徴としている。風化により少し白化し、やや不透明になった結果だ。サン・ラファエルの瑪瑙がコントラストの高い色彩と透明感を特徴としているのとは対照的といえる。砂漠の砂に磨かれた表面は滑らかで、内部の鮮やかな色が浮き出ているものも多い。縞模様も非常に緻密な、大変美しい瑪瑙だ。

054. | 瑪瑙
Berwyn, Chubut, Argentina

BANDED AGATES FROM ARGENTINA

055. | 瑪瑙
Berwyn, Chubut, Argentina

056. 瑪瑙
Berwyn, Chubut, Argentina

057. 瑪瑙
La Manea, Chubut, Argentina

058. 瑪瑙
Berwyn, Chubut, Argentina
New York Collection

059. 瑪瑙
Berwyn, Chubut, Argentina

石のなかの目玉
アイ・アゲートについて

イスタンブールのバザールを歩くと、土産店に奇妙な青いガラス製の目玉がずらりと並んでいるのを目にする。ナザール、またはメドゥーサの目と呼ばれる魔除けだ。魔物の邪悪な視線、あるいは人の恨み妬みに満ちた視線＝邪視がもたらす厄災から身を守るものとされている。

目は生命力、意思の象徴であり、眼球に似た模様は見る者を強く緊張させる力がある。邪視がもたらす厄災を除くために目玉模様のついた装身具などを身に付けるという文化は、西アジアから地中海世界にまで広くみられ、護符に目玉模様の浮かんでいる瑪瑙が古くから使われてきた。古代バビロニアの遺跡からは、瑪瑙を加工して作られた目玉状の護符、または奉納品が多数出土しているし、イランやアフガニスタンなどで出土する古代の瑪瑙のビーズにも、目玉模様を際立たせたものがある。

また、西アジアにはアレッポ腫と呼ばれる、丸く白い縁取りのある目玉のような腫れ物ができる風土病があり、目玉模様の瑪瑙にはこれを癒す力があると考えられ、「アレッポ石」とも呼ばれていたという。

目玉模様の瑪瑙は、大きく分けると二種類ある。ひとつは色の濃淡の差が大きい縞瑪瑙を削り出して目玉模様を作り出した人工的なもので、パワーストーンの店などで売られている「チベットの天眼石」などもこの方法で作られている。アフガニスタンやシリアなどで同様の製法の古代のビーズが出土することから、長い歴史をもった手法といえる。19世紀にはドイツのイダー・オーバーシュタインでブラジル産の原石を使ってこの種のものが

（上）古代バビロニアの瑪瑙製の護符。女神ニンリルに捧げると彫られている。紀元前1600-1200年頃（photo:Lessing／PPS）
（右）現代のトルコの護符。一番下の大きな青い目玉がナザール。手のひらをかたどったものは、中東や北アフリカのイスラム世界で広く用いられている護符「ファティマの手」で、中心に目のあるものが家屋の扉などに邪視除けに描かれる

大量に作られ、輸出されていた。

もうひとつは、アイ・アゲートと呼ばれる、天然の目玉模様をもつ瑪瑙だ。これは同心状の層をもった球状、あるいは半球状の構造が、大きな瑪瑙の塊の中に入っているもので、模様が原石の表面に浮き出ているも

060. 瑪瑙（レイク・スペリオール・アゲート）
Lake Superior, Michigan, USA

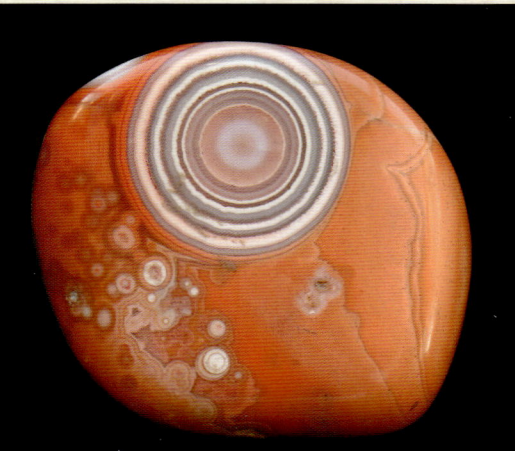

061. 瑪瑙
Balmerino Beach, Fife, Scotland, UK,
Nick Crawford Collection

062. 瑪瑙
Rio Grande do Sul, Brazil, Johann Zenz Collection

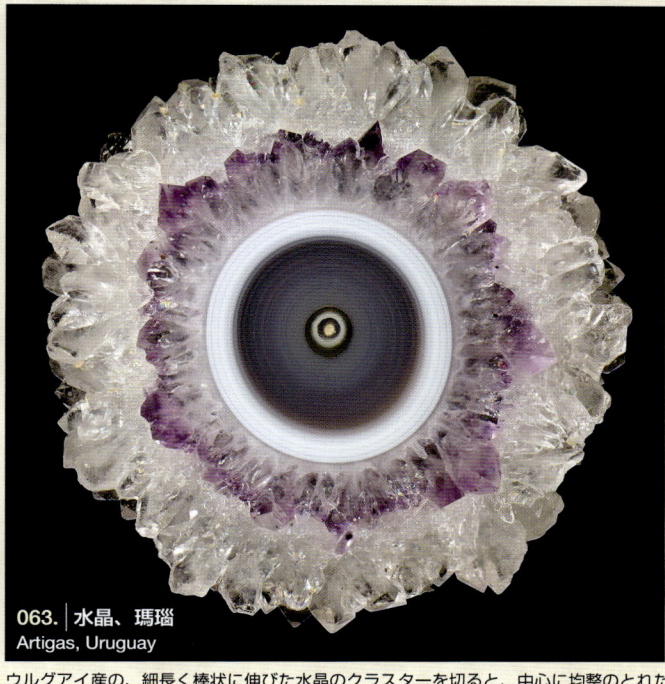

063. 水晶、瑪瑙
Artigas, Uruguay

（上）着色したブラジルの同心状の縞瑪瑙の塊を切り出して作られた目玉模様と、（下）水平に層の重なった瑪瑙を球形に削り出して作られた「天眼石」

ウルグアイ産の、細長く棒状に伸びた水晶のクラスターを切ると、中心に均整のとれた瑪瑙の目玉模様が出てくることがある。これは大きなチューブ状の瑪瑙の断面だ

064. 瑪瑙
Balmerino Beach, Fife, Scotland, UK

瑪瑙の表面に目玉模様が浮き出しているアイ・アゲートを半分にカットした姿。目玉が半球状の構造であることがわかる

のもあれば、カットすることで現れるものもある。これは比較的珍しいものだ。レイク・スペリオール・アゲート、雨花石、ボツワナ・アゲート、スコットランドのファイフ産のものなどがよく知られていて、目玉の大きなもの、白目・黒目に似た姿のものは珍重される。オーシャン・ジャスパー（96頁）にも真ん丸の目玉模様がたくさん入っているものが多いが、不思議とこれらはあまりアイ・アゲートとは呼ばれない。目はひとつ、あるいは二つあることで独特な力をもつのであって、あまりたくさんあると目玉に見えないということだろうか。

065. 瑪瑙（雨花石）
中華人民共和国江蘇省南京市

BANDED AGATES　縞瑪瑙

066. 瑪瑙（ボツワナ・アゲート）
Bobonong, Botswana

Botswana Agates
ボツワナ・アゲート

縞瑪瑙というと、とかく鮮やかな色彩のものが価値が高いとされがちだが、ボツワナ東部の町ボボノン近くで採れる瑪瑙は、その縞模様の緻密さ、曲線の美しさで知られる。色はグレーを基調に、茶、ワインレッド、まれにオレンジといったところで、バリエーションに乏しいが、コントラストが高く、細かくくっきりとした縞模様の美しさは、世界各地の様々な縞瑪瑙の中でも際立っている。産出地の面積は広く、産出量も豊富なため、アクセサリーなどにも多用されており、破片はタンブル（丸磨きされた小石大の石）などに加工されて、小物として大量に流通している。

ボツワナ・アゲートは縞模様が非常に細かく、透明度の高い層と濁りのある白い層が隣接しているため、明るい場所で瑪瑙を動かすと、縞模様が動いて見える現象＝シャドーエフェクトがみられるものが多い。これは細かな縞の層の間から出る光の反射光が、見る角度によって消失したり現れたりすることによって起きる現象だといわれるが、ゆらゆらと縞が揺れて見える様は大変美しい。

ここでは風化によって全体が陶器のような肌合いの白とピンクになった通称ボツワナ・ピンク、また、アイ・アゲート（28頁）なども採れる。

BANDED AGATES 縞瑪瑙

067. 瑪瑙（ボツワナ・アゲート）
Bobonong, Botswana

068. 瑪瑙（ボツワナ・アゲート）
Bobonong, Botswana

069. 瑪瑙（ボツワナ・アゲート）
Bobonong, Botswana

070. 瑪瑙（ボツワナ・アゲート）
Bobonong, Botswana

BOTSWANA AGATES

WORLD OF AGATES　瑪瑙の世界

071. 瑪瑙（ボツワナ・アゲート）
Bobonong, Botswana

072. 瑪瑙（ボツワナ・アゲート）
Bobonong, Botswana

073. 瑪瑙（ボツワナ・アゲート）
Bobonong, Botswana

032

074. 瑪瑙（ボツワナ・アゲート）
Bobonong, Botswana
※約400%に拡大

075. 瑪瑙（ドライヘッド・アゲート）
Bighorn & Pryor Mt. Range,
Montana, USA

Dryhead Agates
ドライヘッド・アゲート

米国モンタナ州南部、ビッグホーン・キャニオン近くで採れるドライヘッド・アゲートは北米を代表する美しい縞瑪瑙のひとつだ。産地はかつて先住民がバイソンを崖から追い落とした場所で、乾いた頭骨が累々としていたことに由来する名だという。泥岩中にできた瑪瑙で、母岩もシリカを多く含んで硬くなっている。不透明でやや濁りのある黄・赤系のアースカラーの縞に、白い縞がアクセントを加える。縞模様の形もとてもダイナミックだ。中が晶洞になっているものも多くみられるが、きらきらと光る微細な水晶の結晶が、赤い瑪瑙の肌をコーティングしているもの（No.077）なども美しい。

076. 瑪瑙（ドライヘッド・アゲート）
Bighorn & Pryor Mt. Range,
Montana, USA

077. 瑪瑙（ドライヘッド・アゲート）
Bighorn & Pryor Mt. Range,
Montana, USA

078. 瑪瑙
（ドライヘッド・アゲート）
Bighorn & Pryor Mt. Range,
Montana, USA

079. 瑪瑙（ドライヘッド・アゲート）
Bighorn & Pryor Mt. Range,
Montana, USA

BANDED AGATES FROM GREAT BRITAIN
ブリテン島の縞瑪瑙

スコットランドは良質な瑪瑙の産地として知られている。ヴィクトリア時代には、スコットランド産の様々な模様の瑪瑙を貼り合わせたブローチなどが数多く作られた。本土や離島の海岸や農地の中など、産地は多いが、愛好家による個人的な採取に限られていることもあり、ほとんど市場に出てくることはない。色と模様は様々だが、やや不透明なサーモンピンクの縞瑪瑙はスコットランド特有のものといっていい。アイ・アゲート（28頁）も多く採れる。

081.｜瑪瑙
Heads of Ayr, Ayrshire, Scotland, UK

082.｜瑪瑙
Heads of Ayr, Ayrshire, Scotland, UK

080.｜瑪瑙
Kinnoull Hill, Perthshire, Scotland, UK

083.｜瑪瑙
Ardie Hill, Fife, Scotland, UK

イングランドはサマセット地方のダルコートで採れる瑪瑙は非常にユニークだ。粘板岩の中に丸い団塊状にできたもので、その外観から「ポテト石」とも呼ばれる。その名のとおりジャガイモ大からハンドボール大くらいの団塊は方解石の塊で、赤い瑪瑙が縞模様を描きながら混入している。ジャーベットに赤いシロップを混ぜ入れたような姿だ。

084.｜瑪瑙
Dulcote, Mendip Hills, Somerset, England, UK

084.

085. 瑪瑙
Agate Creek, Queensland, Australia

086. 瑪瑙
Agate Creek, Queensland, Australia

087. 瑪瑙
Agate Creek, Queensland, Australia

088. 瑪瑙
Agate Creek, Queensland, Australia
Rob Burns Collection

089. 瑪瑙
Wave Hill, Northern Territory, Australia

090. 瑪瑙
Agate Creek, Queensland, Australia

BANDED AGATES FROM AUSTRALIA
オーストラリアの縞瑪瑙

オーストラリアも瑪瑙やジャスパーが豊富に採れる地だ。産地は大陸、タスマニアに点在しているが、特にクイーンズランド州のその名もアゲート・クリークで採れる縞瑪瑙はたいへん色彩豊かなことで知られる。濃い青と鮮やかな赤のコンビネーション、黄緑色など、他の産地の瑪瑙にはあまりみられない色があるのも大きな特徴だ。風化によって全体が白っぽく、ピンク色がほんのりとついているものもあるが、これは「陶器瑪瑙」と呼ばれて人気が高い。ノーザン・テリトリーのウェイブ・ヒル・アゲートもパステルカラーの細かな縞模様が美しい、良質な瑪瑙だ。産地までのアクセスが非常に困難なため、一般の市場に出ることは少ない。

時に磨かれて

河原、湖岸、砂漠で採れる、自然に研磨された瑪瑙

たいていの人は、子どもの頃、河原や海岸で小石拾いをしたことが一度や二度はあるのではないだろうか。長い年月、川の中や波打ち際を転がり続け、丸みを帯びた滑らかな小石は手触りもよく、水に濡れていると色も模様も鮮やかだ。ありふれた岩石も特別な石に見えてくる。これが水晶や瑪瑙などの貴石、ましてや翡翠ともなれば、本物の宝物だ。新潟の糸魚川の海岸は、休日には熱心に翡翠を探す人たちで溢れているし、津軽半島の海岸で錦石（80頁）を探す人も少なくない。運がよければ、コレクターが血眼になっても手に入れられないような特別な石が拾えるかもしれない。

世界にも自然に磨かれた美しい瑪瑙が拾える河原や海岸がいくつもあるが、特に際立った例を紹介したい。

雨花石
Rain Flower Pebbles

中国江蘇省・南京市には「雨花石＝ユーファーシー」とよばれる特産品がある。付近の長江流域で採れる瑪瑙やジャスパーの小石の総称だ。すっかり角がとれ、表面も滑らかな天然のタンブルだが、カラフルな縞瑪瑙、アイ・アゲート、モスやチューブなどが入った瑪瑙、赤や黄色のジャスパー、色鮮やかな珪化木、瑪瑙化した珊瑚の化石など、ありとあらゆる種類の石英の仲間がある。自然に削られ、磨かれた瑪瑙の中では最高品質といっていい。

雨花石の名は6世紀の禅宗の二祖である慧可の逸話にちなんでいる。ある日慧可が丘の上で説法していたところ、天がこの話に感動し、色とりどりの花を雨のように降らせた。この花が石になったものが雨花石なのだと。

現在雨花石は表面を磨き上げて売っているものも多いが、もとは水をはった器に入れて眺めるものだった。「中国」という文字に似た模様のある雨花石と、中国の国土の形に似た模様が入った雨花石のセットに数百万円相当の値がついたというニュースが話題になったこともある。今、河原などで手で拾える雨花石はほぼ採り尽くされてしまっていて、「宝探し」は重機を使って行われている。

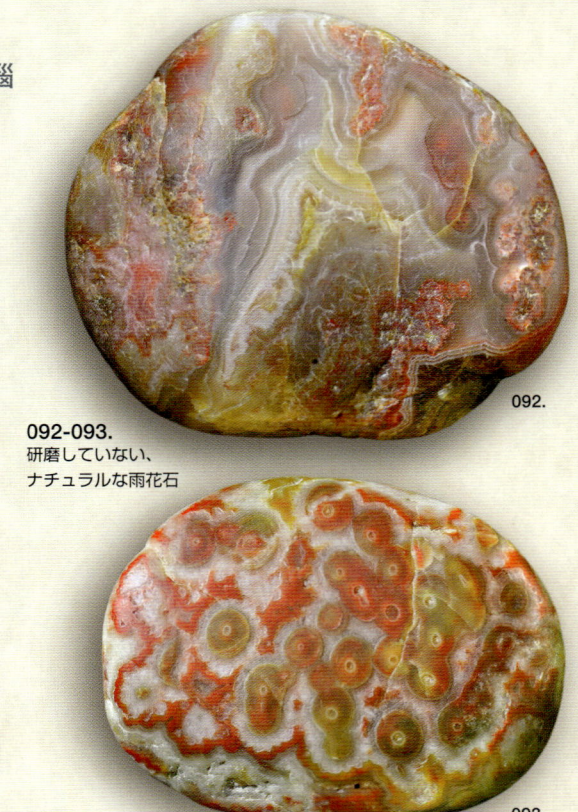

レイク・スペリオール・アゲート
Lake Superior Agates

米国北東部、五大湖最大の湖であるスペリオール湖とその周辺には、玄武岩の母岩から転がり出て、氷河によって運ばれた瑪瑙が採れる場所が広範囲に広がっている。湖岸に打ち上げられた丸石の中にも瑪瑙が数多くあり、品質の良い瑪瑙探しが手軽に楽しめることで有名だ。

レイク・スペリオール・アゲートと呼ばれるこの瑪瑙は酸化鉄の影響で濃い赤味のある縞瑪瑙を主としている。縞の曲線は繊細で美しく、特に赤と白のコントラストの高い縞瑪瑙は「キャンディー・ストライプ」として人気が高い。雨花石と同様、アイ・アゲート（28頁）が多くみられるのも特徴のひとつだ。現在ミネソタ州の州の石に認定されている。

092-093. 研磨していない、ナチュラルな雨花石

091. 磨かれた雨花石

094.
表面を磨いた
レイク・スペリオール・
アゲート

095-096.
フェアバーン・アゲート。
ナチュラルな状態（左）
と磨かれたもの
（下の四つ）

095.

096.

BANDED AGATES　縞瑪瑙

雨花石が外殻が大きく削り取られた、凹凸のほとんどない滑らかな小石であるのにたいして、レイク・スペリオール・アゲートは元の形をある程度残していて、比較的表面が粗い。宝飾の素材としても多用されてきたが、近年、瑪瑙の愛好家はこれをあえて磨かず、自然の風合いのまま楽しむ人も多い。

この地域の瑪瑙は生成された時期が約11億年前と非常に古いことでも知られる。

フェアバーン・アゲート
Fairburn Agates

瑪瑙という中国名のもとになったゴビ砂漠の転石だけでなく、砂漠や荒れ地で拾える瑪瑙は世界に少なくない。米国サウス・ダコタ州のブラック・ヒルズの東側からネブラスカ州北西部にまたがる荒れ地、その名もバッドランズに散乱しているフェアバーン・アゲートもそのひとつだ。縞模様が露になった表面は氷河や河川に削られ、最後は荒れ地の風と砂に磨かれて、滑らかな風合いをもっている。この種の環境で拾える瑪瑙としては最も熱心な愛好家のいる、高価な瑪瑙だ。色のバリエーションが多く、白と黒、ピンクと黒といった珍しい色合いのものがあるのも特徴で、北米で最も美しい瑪瑙という人もいる。現在、サウス・ダコタ州の州の石に認定されている。

097.
ナチュラルなレイク・スペリオール・アゲート

瑪瑙やジャスパーなどが打ち上げられるスペリオール湖の岸辺

繊細にして奔放──
レース・アゲート
Lace Agates

縞瑪瑙の中でも曲線が複雑で、非常に細かな襞があるものはレース・アゲートと呼ばれる。文字通り模様がレース編みに似た印象があることにちなんだ名だ。水色に細かな波形の縞模様が入ったナミビア産のブルーレース・アゲートはたいへん有名で、宝飾にも多用されている。ユニークなのはメキシコのチワワ州で採れるレース・アゲートのグループで、特にクレージー・レース・アゲートと呼ばれる種類は、複雑きわまりない、自由奔放な模様をもっている。細部には細かい襞を重ねた繊細さをもちつつ、大きく波打ち、ジグザグに折り返すダイナミックな造形、さらにフォーティフィケーション、チューブ状の同心円模様などが渾然一体となった様子は唯一無二といっていい個性をもっている。

099. 瑪瑙（クレージー・レース・アゲート）
Chihuahua, Mexico

098. 瑪瑙（ブルーレース・アゲート）
Grünau, Namibia

チワワ州産のレース・アゲートは、1950年代に発見されて以降、シエラ・サンタ・ルシアなど、いくつかの場所で採掘されている。ほとんどが石灰岩中に脈状に生成した瑪瑙だ。

100. 瑪瑙（クレージー・レース・アゲート）
Chihuahua, Mexico

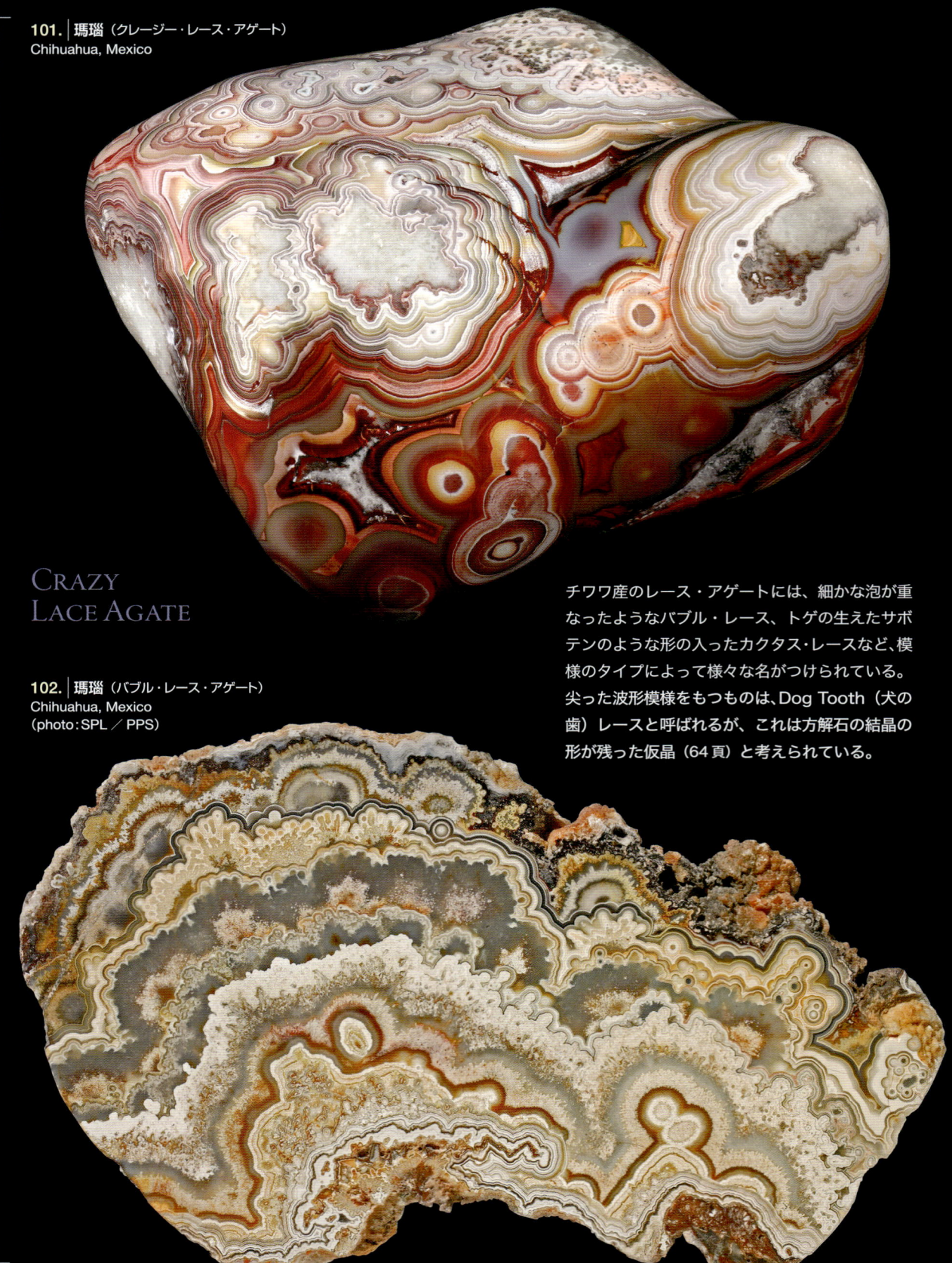

101. 瑪瑙（クレージー・レース・アゲート）
Chihuahua, Mexico

Crazy Lace Agate

102. 瑪瑙（バブル・レース・アゲート）
Chihuahua, Mexico
（photo：SPL／PPS）

チワワ産のレース・アゲートには、細かな泡が重なったようなバブル・レース、トゲの生えたサボテンのような形の入ったカクタス・レースなど、模様のタイプによって様々な名がつけられている。尖った波形模様をもつものは、Dog Tooth（犬の歯）レースと呼ばれるが、これは方解石の結晶の形が残った仮晶（64頁）と考えられている。

LACE AGATES　レース・アゲート

103. 瑪瑙
（クレージー・レース・
アゲート）
Chihuahua, Mexico

Crazy Lace Agate

WORLD OF AGATES　瑪瑙の世界

104. 瑪瑙
Chihuahua, Mexico

チューブの入ったレース・アゲート。球状の金属の結晶が集まった、独特なインクルージョンがある

105. 瑪瑙
（クレージー・レース・アゲート）
Chihuahua, Mexico

106. 瑪瑙
（クレージー・レース・アゲート）
Chihuahua, Mexico

瑪瑙と伝説
古代の護符から聖杯伝説まで

護符としての瑪瑙

現在と違って、古代の西アジアや地中海世界では、瑪瑙は宝石として非常に高い価値を与えられていたようだ。古代バビロニアの『ギルガメシュ叙事詩』には宝石でできた神々の庭園の描写にカーネリアンや瑪瑙の名が記されているし、同時代の遺跡からは瑪瑙製の奉納品も多数出土している。旧約聖書『出エジプト記』に記された、ユダヤの大司祭の胸当てに埋め込まれた12の宝石にも瑪瑙やオニキスが選ばれている。

古代シュメール文明、アッシリア文明の遺品に瑪瑙製の円筒形の印章があるが、これはビーズのように中心の穴に紐を通し、護符として持ち歩くためのものだったとも言われている。

目をかたどった瑪瑙に邪悪な視線を除ける力があると考えられていたことは、別項（28頁）で述べたが、他にも瑪瑙には様々な力があると考えられていた。石のもつ様々な効能について書かれた古典として有名な〈魔術師〉ダミゲロンの『石について』（紀元前2世紀頃の作とされる）には、瑪瑙は最大の力を有する、ヘルメスの持ち物である、と記され、ライオンの肌と同じ色の瑪瑙を粉末にするとサソリや蛇の毒を解毒する強い薬になると書かれている。サードオニキスは「身体の最大の護符」とされ、また、様々なタイプのオニキスにどのような像を彫るとどのような護符としての効能があるかも、事細かに記されている。

紀元前2世紀のパルティアの王ミトラダテス1世が瑪瑙の霊力を信じ、瑪瑙製の鉢を4000以上ももっていたという言い伝えもよく知られている。

古代シュメール文明、イビ・シン王の時代（紀元前2028-2004年）に作られた、縞瑪瑙製のビーズ。月の女神ナンナへの奉納品と記されている（photo：Lessing／PPS）

また、イエメン産の瑪瑙には古来、家や塀の倒壊などの災厄を防ぐ力があるとされ、指輪などに加工されて身に付けられてきた。預言者ムハンマドもイエメンの瑪瑙製の封印を使っていたという。北アフリカの遊牧民トゥアレグ族は護符として、また一種の通貨の機能ももった瑪瑙製のペンダントをごく最近まで使っていたが、それは19世紀半ば以降、ドイツのイダー・オーバーシュタインでブラジル産の瑪瑙を加工して作り、大量に輸出されたものだった。現在のパワーストーン・ブームを見ても、「石の護符」の文化は連綿と衰えることなく受け継がれているといえる。

トゥアレグ族が使用していた瑪瑙製のペンダント（下のものは長さ約9cm、イダー・オーバーシュタイン製）

ピュロス王の瑪瑙

1世紀に書かれたプリニウスの『博物誌』では、瑪瑙は非常に価値の高い石として紹介されている。共和政ローマ期の軍人・大スキピオが赤い縞瑪瑙を「最高の石」と評価したことを記し、自らも瑪瑙をオパールに次ぐ価値

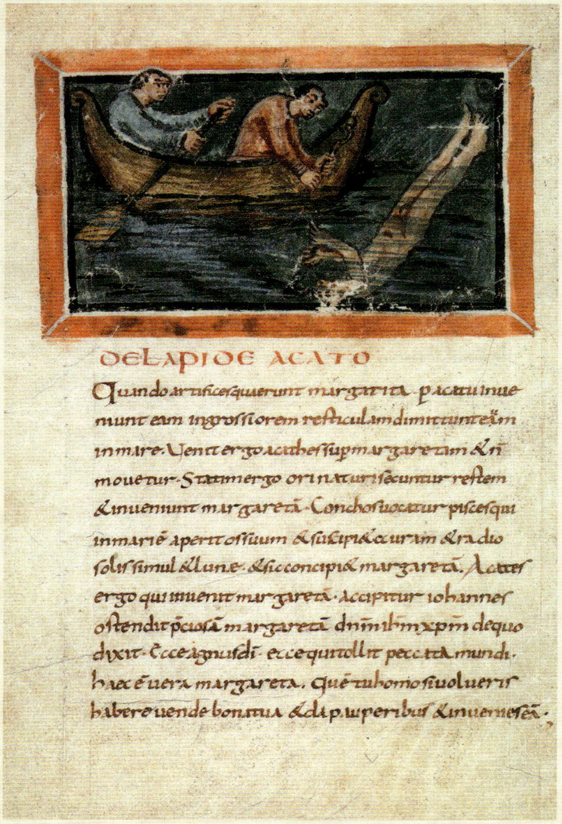

9世紀、フランスのランスで作られたとみられる挿し絵入り写本『ベルン・フィシオロゴス』に描かれた、瑪瑙を使って真珠を採る様子の絵

をもつ石としている。

『博物誌』には、紀元前3世紀の古代ギリシアはエピロスのピュロス王がもっていた不思議な瑪瑙について書かれている。この瑪瑙には9人のミューズに囲まれて竪琴をひいているアポロンの姿がはっきりと浮かび上がっていて、これが時が経つとともにさらに変化し、それぞれのミューズがふさわしいシンボルをもつに至ったという話だ。

この石の話は大変有名で、いくつかの文献に登場するが、実際にこれを見たという著者は一人もいないようだ。それでも、いかにして石の中にリアルな像が現れたのか、後述する「風景石」(137頁)とともに、長らく学者たちの議論の的だった。16世紀には数学者のジェロラモ・カルダーノが、これは大理石に画家が描いた絵が土に埋まり、たまたまそこが瑪瑙になる石が生み出される場所であったため、絵のディテールを残したまま瑪瑙の塊になったのだという「合理的」な説明を試みているが、あまり賛同を得られなかったようだ。

ピュロス王の瑪瑙にかぎらず、瑪瑙はつねに、模様の

中に何がしかの「絵」を探す対象であり続けた。李時珍の『本草綱目』には、瑪瑙は「その中に人物・鳥獣の形のあるものが最も貴ばれる」とある(『本草綱目』には、瑪瑙は死霊の血が凍結したものだという話も紹介されている)。ヨーロッパ中世では、石は気体が凝結してできるもので、この際、天体の力が作用して石の中に具象的な像を結ぶことがあると考えられていた。複雑な模様をもち、インクルージョンも多い瑪瑙は、まさにその作用を受けやすい石なのだと。

こうした考えは近代以降も一部で残り続け、オカルティズムの流行などとともに繰り返し話題になる。20世紀初頭、フランスでジュール=アントワーヌ・ルコントという人物が著した冊子『ガマエ(140頁)とその起源』には、自らが路傍の「火打ち石」(=フリント?)の中に発見した様々な人物像、情景が紹介され、それらは全て「霊の放射に基づく大きな衝撃」によって生じたもので、読み解くべき意味があると論じられていた。こうした見方は現在、心霊写真の分野が引き受けているといえるかもしれない。

真珠と瑪瑙

中世ヨーロッパで広く読まれた書物『フィシオロゴス』は、動植物や鉱物の特異な性質について記し、さらにこれを福音書の記述を引きながら、キリスト教的文脈の中に位置づけたものだ。瑪瑙と真珠について書かれた項目には、真珠を採る漁師たちがしばしば船の上から瑪瑙を

18世紀初頭、ブラジルの司祭が瑪瑙の磁力で浮上する飛行船を発明した、と伝える奇妙な絵。瑪瑙のパワーストーンとしての効力を記す本は多々あるが、物を浮かせる力があるとするのは、これだけだろう。(ティファニーの副社長であり、鉱物と伝説に関して多くの著作を残したジョージ・クンツ "The Curious Lore of Precious Stones" 1913年刊、より)

「聖杯」は一般公開されているが、間近に見ることはできない（左）。古い絵はがきに刷られた聖杯の姿（右）

糸に結びつけて海に投げ、瑪瑙が真珠の在りかに近づいていく性質を利用して真珠を採っていると書かれている。このことから、尊い真珠はイエスその人に他ならないので、真珠の在りかを示す瑪瑙は預言者ヨハネ、真珠を包む二枚貝はそれぞれ旧約・新約聖書を表している、としている。解釈はともかく、かつて真珠採りが本当に瑪瑙を使っていたかどうか、とても興味深い。

瑪瑙製の聖杯

キリスト教関連で、最も論議の的になった瑪瑙といえば、スペインのヴァレンシア大聖堂に保管されている瑪瑙製の「聖杯」だろう。大聖堂側はこれを最後の晩餐に使用された聖杯であるとしており、ヴァチカンもこれを尊重して、ヨハネ・パウロ2世、ベネディクト16世もこの杯を使ってミサを行っている。

問題の「聖杯」は、縞模様もくっきりとした暗紅色の瑪瑙を削り出した直径約9cmの杯に、組紐紋様の細工を施した金の軸と把手とアラバスターの台座が付いたものだ。高さ約17cmで、台座には真珠やエメラルドなどの宝石があしらわれている、大変豪華な杯だ。はたしてこのような華美な贅沢品を当時イエスが使ったなどと考えられるだろうか、というのはごく自然な疑問だが、大聖堂側は本来の聖杯は瑪瑙の杯の部分だけであって、軸や把手や台座は中世期に後から付け加えられたものだと説明している。また、マルコの福音書にもイエスが過ぎ越しの祭りをきれいにしつらえた部屋で行うよう準備した様子が記されていることもあり、最後の晩餐という重要な集いに、粗末なものではなく、瑪瑙製の杯を使用したと考えるのは不自然ではない、としている。

カトリックの伝承によれば、最後の晩餐に使用された杯は使徒ペテロによって礼拝に使用され、彼とともにローマに持ち込まれたという。ペテロの死後は何人かの教皇などの手を経て、3世紀にスペインに運ばれたとされている。このことは6世紀のラテン語の写本に書かれていたというが、原本は失われている。

考古学者には、イエスの時代にこうした形状の瑪瑙製の杯が使われていたとしても不自然ではないと述べる者もいるが、庶民が使用する食器として瑪瑙製の杯が使われていた形跡はないようだ。瑪瑙のように硬いものを加工するには特別な技術を要するため、これが紀元前後のものであるとすれば、大変な奢侈品であったことは間違いないだろう。先述したように、ミトラダテス1世は瑪瑙の杯を大量に所有していた。また、フランスの王室で使われていた瑪瑙製のワイン用の杯に、かつてローマ皇帝ネロが使用していたと言われるものがある。問題の杯も元は王侯貴族の宝物だったのではないだろうか。

また、この杯の台座には古いアラビア文字が彫られている。これを巡っても、「花開く者」「マリア（の息子）に誉れあれ」、あるいはアラビアの神の名であるなど、諸説あるようだが、地中海沿岸の国で宝物として扱われていたものが、イスラムの手に渡り、レコンキスタによってスペインの教会の所有物になり、いつしか聖杯として語られるようになったと考えるのが自然なのではないかと思うが、どうだろうか。

石の中の木立、花畑、水草——
インクルージョンのある瑪瑙
AGATES WITH INCLUSIONS

瑪瑙に酸化鉄や二酸化マンガンなど、異なる鉱物の結晶の包有物＝インクルージョンがみられるものがある。縞瑪瑙の層の間、亀裂などに樹状に成長した金属の結晶が入っているデンドリティック・アゲート、石の中に苔や水草が入っているように見えるモス・アゲート、羽毛や草花のような形のインクルージョンのあるプルーム・アゲート、針状の金属の結晶が入っているセージナイト・アゲート、金属の細長い芯の周囲を玉髄がコーティングしているチューブ・アゲートなど、縞瑪瑙とは全く異なる独特な造形の世界を紹介する。

107. 瑪瑙（デンドリティック・アゲート）
Ken River, Uttar Pradesh, India

108. 瑪瑙（デンドリティック・アゲート）
Ken River, Uttar Pradesh, India
※約580％に拡大

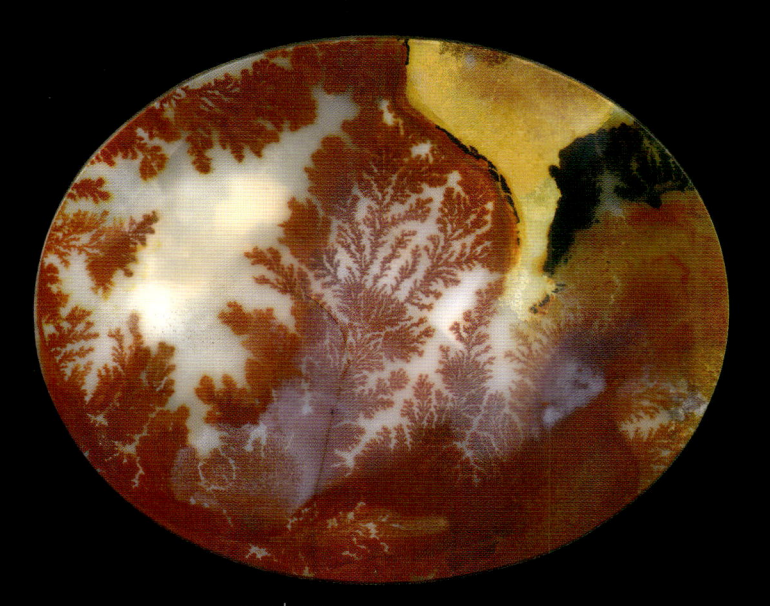

109. 瑪瑙（デンドリティック・アゲート）
Ken River, Uttar Pradesh, India

110. 瑪瑙（デンドリティック・アゲート）
Ken River, Uttar Pradesh, India

DENDRITIC AGATES
デンドリティック・アゲート

　瑪瑙の中に染み入った鉄や二酸化マンガンが樹状・枝状の模様を見せるものを、デンドリティック・アゲートと呼ぶ。ギリシア語で木を意味する言葉 dendron に由来する名で、世界各地で採れるが、古くから知られているのが、インドのウッタル・プラデーシュ州のケン川で採れるものだ。

　乳白色の縞瑪瑙の層の間のわずかな隙間に成長した二酸化マンガンの樹状模様は、大きさも形の複雑さも他の産地のものを圧倒している。

　全体に樹木というより草花という印象だが、繊細な美しさがあり、薄くカットされ、アクセサリー用に加工されてきた。ツリー・アゲート、またはかつてインド産やイエメン産のデンドリティック・アゲートがアラビア半島の貿易港モカからヨーロッパに出荷されていたことから、モカ・ストーンとも呼ばれる。

　樹状の模様はほとんどが濃いグレー、暗褐色だが、まれに鉄分の影響を受けてオレンジ色や赤く染まったものがあり、珍重されている。

111. 瑪瑙（デンドリティック・アゲート）
Ken River, Uttar Pradesh, India

DENDRITIC AGATES

112. 瑪瑙（デンドリティック・アゲート）
Pstan, Karagandy, Kazakhstan

カザフスタンは鉱物資源豊富な国だが、瑪瑙もかつてソ連が核実験を繰り返していたセミパラチンスク近郊など、いくつかの場所で良質なものが採れる。中部のカラガンダ州で採れる瑪瑙も、木立の並ぶ風景画のような趣があり、大変美しい。インクルージョンは瑪瑙ができた後で金属の結晶が染み入ったものではなく、瑪瑙の形成過程でできたものなので、厳密にはむしろモス・アゲートというべきかもしれないが、これほど見事に樹木のような姿をしているものは少ないので、あえてここに分類した。

北米で最も有名なデンドリティック・アゲートといえば、モンタナ・モス・アゲートだ。こちらは、モスと名がついているが、インドのものと同じで、瑪瑙ができた後、層の間、亀裂などに金属の結晶が成長したものだ。現イエローストーン国立公園の火山岩が母岩で、川に運ばれて流域に拡がった。雪の結晶のように、放射状に成長した樹状模様が数多くみられるのも特徴のひとつだ。

AGATES WITH INCLUSIONS　インクルージョンのある瑪瑙

113.

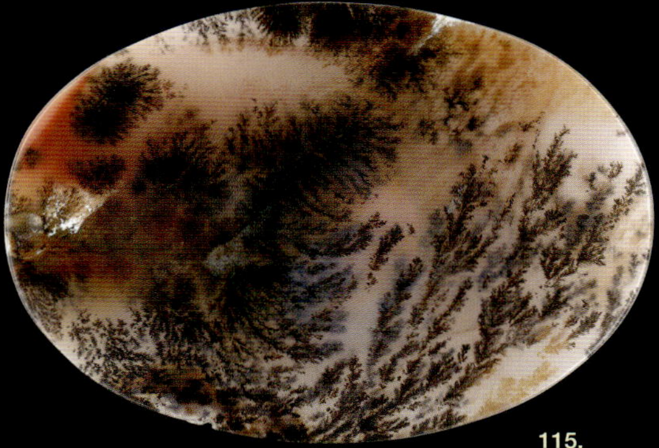

115.

114.

116.

117.

113-117. 瑪瑙（デンドリティック・アゲート）
Pstan, Karagandy, Kazakhstan

118. 瑪瑙（モンタナ・モス・アゲート）
Yellowstone River, Montana, USA

051

119. 瑪瑙（プルーム・アゲート）
near Presidio, Texas, USA

120. 瑪瑙（プルーム・アゲート）
Powell Butte, Oregon, USA

121. 瑪瑙（プルーム・アゲート）
Woodward Ranch, Texas, USA

Plume Agates
プルーム・アゲート

　プルームとは羽毛のことで、鳥の羽毛のような、あるいは草花のような形のインクルージョンのある瑪瑙にこの名が付けられる。瑪瑙の形成の初期段階で、酸化鉄や酸化マンガンの結晶がこのような形に成長したもので、デンドリティック・アゲートと違い、インクルージョンに立体的なボリュームがある。
　団塊状の瑪瑙の中に、または、脈状の瑪瑙の両端から中心に向かってクシ状に並んでと、様々な形でみられ、大きなプルームは長さが10cm近くになるものもある。プルームという言葉は、火山の爆発の際、吹き上がる溶岩の形にも使われるが、瑪瑙の中のプルームにも、勢いよく吹き上がるような、ダイナミックな形状のものがある。
　世界各地で採れるが、北米は美しいプルーム・アゲートのバリエーションが豊かで、特にテキサス、オレゴン、カリフォルニア、アリゾナの各州などは、良質なものが採れる産地が多い。

❖ AGATES WITH INCLUSIONS　インクルージョンのある瑪瑙

122. 瑪瑙（スティンキンウォーター・プルーム・アゲート）
Stinkingwater Pass, Oregon, USA

123. 瑪瑙（リージェンシー・ローズ・プルーム・アゲート）
Graveyard Point, Oregon, USA

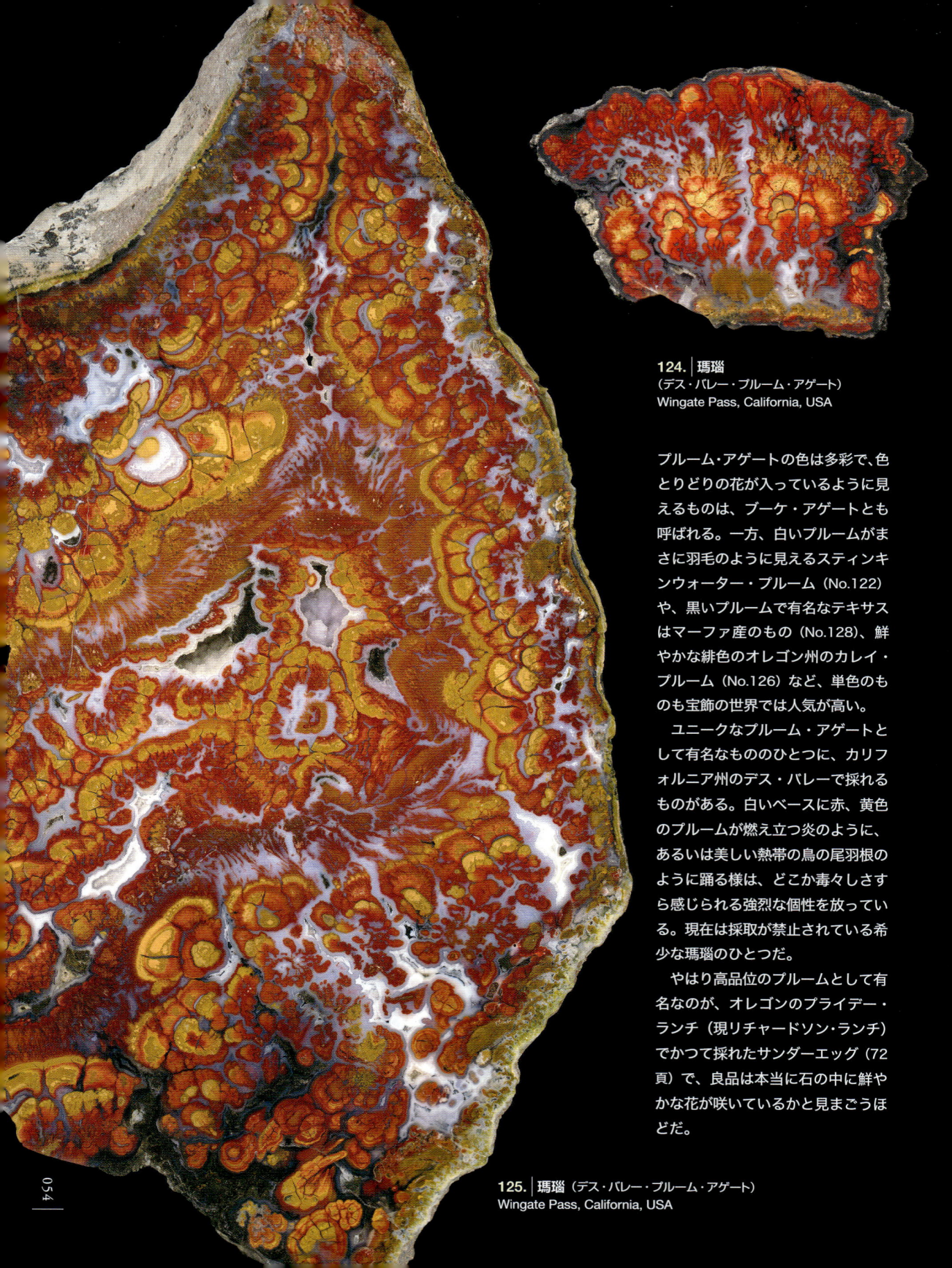

124. 瑪瑙（デス・バレー・プルーム・アゲート）
Wingate Pass, California, USA

プルーム・アゲートの色は多彩で、色とりどりの花が入っているように見えるものは、ブーケ・アゲートとも呼ばれる。一方、白いプルームがまさに羽毛のように見えるスティンキンウォーター・プルーム（No.122）や、黒いプルームで有名なテキサスはマーファ産のもの（No.128）、鮮やかな緋色のオレゴン州のカレイ・プルーム（No.126）など、単色のものも宝飾の世界では人気が高い。

ユニークなプルーム・アゲートとして有名なもののひとつに、カリフォルニア州のデス・バレーで採れるものがある。白いベースに赤、黄色のプルームが燃え立つ炎のように、あるいは美しい熱帯の鳥の尾羽根のように踊る様は、どこか毒々しさすら感じられる強烈な個性を放っている。現在は採取が禁止されている希少な瑪瑙のひとつだ。

やはり高品位のプルームとして有名なのが、オレゴンのプライデー・ランチ（現リチャードソン・ランチ）でかつて採れたサンダーエッグ（72頁）で、良品は本当に石の中に鮮やかな花が咲いているかと見まごうほどだ。

125. 瑪瑙（デス・バレー・プルーム・アゲート）
Wingate Pass, California, USA

Plume Agates

良質なプルーム・アゲートには、需要が多いことから集中して採掘され、比較的短期に採り尽くされてしまうものが少なくない。オレゴン州のオチョコ山地産のカレイ・プルーム、カリフォルニアのペーズリー・プルーム、オレゴンのニデガー・ランチのプルームもすでに採り尽くされてしまい、現在は古いストックや放出品だけが流通している。

AGATES WITH INCLUSIONS　インクルージョンのある瑪瑙

126. 瑪瑙
（カレイ・プルーム・アゲート）
Carey Ranch, Prineville, Oregon, USA

127. 瑪瑙
（ペーズリー・プルーム・アゲート）
near Wiley's Well, California, USA

128. 瑪瑙
（マーファ・プルーム・アゲート）
Marfa, Texas, USA

129. 瑪瑙
（ニデガー・プルーム・アゲート）
Nydegger Ranch, Oregon, USA

131. 瑪瑙
（ポール・バニヤン・プルーム・アゲート）
Barstow, California, USA

ポール・バニヤンとは、カリフォルニアの民話に登場する巨人のきこりの名だが、特にこの瑪瑙と関連があるわけではない

130. 瑪瑙（プルーム・アゲート）
Davis Mountain, Texas, USA

こうしたタイプのものが
ブーケ・アゲートと呼ばれる

132. 瑪瑙（カテドラル・アゲート）
San Carlos, Chihuahua, Mexico

赤ー黄色のプルームとその周囲を透明な玉髄が包む独特な形のものは、カテドラル・アゲートの名で流通している

133. 瑪瑙（フレーム・アゲート）
Chihuahua, Mexico

フレーム・アゲートはインクルージョンが赤い炎（＝flame）のように見えることから付けられた名だ

Plume Agates

134. 瑪瑙
Rio Grande do Sul, Brazil

ブラジルはリオ・グランデ・ド・スル州のソレダデで産する瑪瑙は、中心は空洞、または玉髄が鍾乳石状に伸びる晶洞になっている場合が多いが、団塊の外縁に沿って、オレンジのプルームが内側に向かって伸びている

135. 瑪瑙（リヴィエラ・プルーム・アゲート）
Chihuahua, Mexico

リヴィエラ・プルームは1960年代末から70年代初頭にリヴィエラ兄弟によって販売された。青白いベースに大振りな黄金色のプルームが映える、美しい瑪瑙だ

AGATES WITH INCLUSIONS　インクルージョンのある瑪瑙

Moss Agates
モス・アゲート

瑪瑙の中に苔のような、水草のようなインクルージョンがあるものを、モス（＝苔）・アゲートと呼ぶ。日本では草入り瑪瑙と呼ばれ、かつて青森などで多く採れた。生成の仕組みはプルーム・アゲートと同じだが、成長の方向、形はよりランダムなものになっている。モス・アゲートの多くは名前が示す通り、草色、あるいは黄土色などで、かつて本当に植物が石の中に閉じこめられていると考えられていた。ハンガリー産のモス・アゲートは非常に色彩豊かなことで知られる。

136. 瑪瑙（モス・アゲート）
Gyöngyöstarján, Hungary

137. 瑪瑙（モス・アゲート）
青森県東津軽郡

138. 瑪瑙（ホース・キャニオン・モス・アゲート）
near Tehachapi, California, USA

139. 瑪瑙
（モス・アゲート）
East Timor
Rob Burns Collection

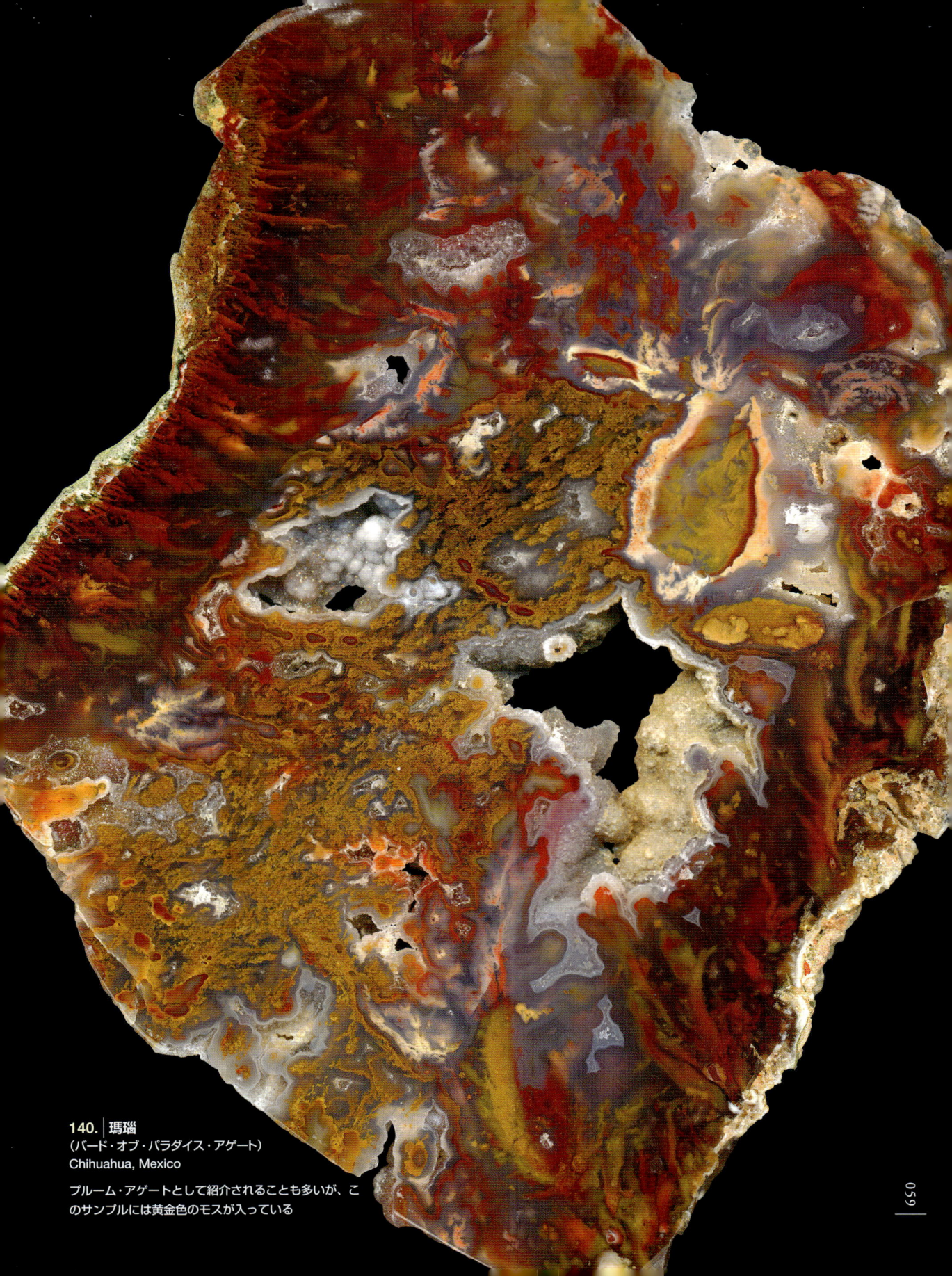

140. 瑪瑙
（バード・オブ・パラダイス・アゲート）
Chihuahua, Mexico

プルーム・アゲートとして紹介されることも多いが、このサンプルには黄金色のモスが入っている

141. 瑪瑙（ラグーナ・アゲート）
Ojo Laguna, Chihuahua, Mexico

142. 瑪瑙（ニポモ・セージナイト）
Nipomo, California, USA

143. 瑪瑙
Kyje, Czech Republic

SAGENITE AGATES, TUBE AGATES
セージナイト・アゲート、チューブ・アゲート

細い針状の金属の結晶が、高い密度で放射状に入っている瑪瑙をセージナイト・アゲートと呼ぶ。セージナイトとは金紅石の一種だが、この場合は、金紅石にかぎらず、針鉄鉱、ソーダ沸石、輝安鉱など様々な種類の鉱物を含めて総称している。縞瑪瑙の中に、また、透明な玉髄の中に入っている場合もある、よくみられるインクルージョンだが、結晶の形だけが残っていて、成分としては瑪瑙に置き換わっている「仮晶」（64頁）である場合も多い。

また、針状に伸びた金属の結晶を芯に、周囲を玉髄がコーティングしているものが入っている瑪瑙を、チューブ・アゲートと呼ぶ。日本では虫食い瑪瑙とも呼ばれる。針の周囲に同心円状の縞模様ができ、さらにそれらの「チューブ」を避けるようにして縞瑪瑙の模様が形成されている場合も多く、これを多く含む瑪瑙は非常に複雑で印象的な姿になる。やはり、芯である金属が消失してしまっている場合も少なくない。

144. 瑪瑙（チューブ・アゲート）
Tete Province, Mozambique

145. 瑪瑙（チューブ・アゲート）
Kieswerk Gravel Pit, Baden-Baden,
Germany

146. 瑪瑙
（チューブ・アゲート）
Dalnegorsk, Russia

瑪瑙を採る、切る、磨く
採集からカット、研磨の工程まで

　瑪瑙やジャスパーなどの採取の仕方は様々だ。重機を使った、規模の大きい商業的採掘もあるが、愛好家が個人で、あるいは数人のグループで、スコップやつるはしで採取することも多い。熱心な愛好家は海外にまで採集におもむく。

　採集地も砂漠、山の中、川の中と様々だ。自動車で延々とオフロードを走り、キャンプしながら採集するような場所もあれば、住宅地の中で瑪瑙が出ることもある。道路の工事中に瑪瑙やジャスパーの鉱脈が露になることも少なくない。愛知県の棚山高原のように、林道の工事でオパールを含むサンダーエッグの脈が現れたりすると、近隣の鉱物愛好家が大勢採集に集まり、すぐに採り尽くされてしまうこともあるが、山は私有地である場合が多く、その場合、勝手に掘り返していいはずはない。最近の鉱物採集ブームの影響で人が殺到し、かつて個人の趣味レベルの採集を許していた山も、入山禁止になってしまった所が少なくない。

　日本で個人が瑪瑙やジャスパーの採取をする場合、川での転石探し、海岸に打ち上げられた石を拾うというのが、最も一般的だ。水に濡れていると、模様や色も判別しやすい。だが、自然保護のため、採集が禁止されている所もあるので、注意が必要だ。海外でも採集をめぐる

（下・左）石川県・金沢市の渓流で瑪瑙を探す。上流の山から落ち、流れてきた瑪瑙は欠けて中身が見えているものも多いので、探しやすい。瑪瑙が採れる場所は、ジャスパー、珪化木、また水晶なども採れることが多い。（右上、右中）火山灰の地層の中に入っているサンダーエッグをハンマーで掘り出す。風化や圧力で割れ、中の瑪瑙が見えている。（右・下）渓流で採集したオパールの入ったサンダーエッグ。

津軽半島の海岸で瑪瑙やジャスパーを拾う。防潮ブロックの設置などで浜に上がる石が激減しているというが、小石大の瑪瑙やジャスパー、珪化木などは容易に見つけることができる。

問題は少なくない。ラグーナ・アゲートは50年代の瑪瑙ラッシュ時に、放牧されていた牛を勝手に捕まえて食べてしまうなど、乱行をはたらいた者がいたため、その後長らく地主が瑪瑙採集を許していなかったという。また、原石の海外持ち出しが重い罪になっている国もある。

採集、あるいは業者から購入した原石は、38頁に書いたように自然に削れて模様が表に出ているものもあるが、多くはカットしない限り中の模様を見ることができない。欧米では趣味で瑪瑙やジャスパーを採集し、切り、磨いてコレクションする人、また、カボッションなどにカットして、アクセサリーを作る人が多い。このため、個人用の切断機や研磨機などが多種多様に販売されている。

瑪瑙やジャスパーなど、石英の仲間は硬いため、通常の石材を切る道具では刃が立たず、ダイヤモンド刃のカッターで切断する。カットしてどのような模様が現れるかを見るのは最も楽しみな瞬間だ。手間ひまかけて採集した、また、はるばる海外から取り寄せた原石から色鮮やかで美しい模様が現れ、感嘆することもあるが、切っても切っても徒労に終わることもある。原石には当たり外れがある。

切断した瑪瑙やジャスパーは、ダイヤモンドの粒子を練り込んだ研磨用のディスクや、炭化ケイ素などの研磨材で、粒子の粗い番手から細かい番手へ、段階的に削り、磨いていく。根気のいる作業だ。勾玉を作った古代人は大変な労力をかけていたに違いない。工業用の人造ダイヤなどが開発される前は、金剛砂とよばれるザクロ石の粉末などで、やはり長い時間をかけて磨かれていた。現在はカボッション作成用、平面磨き専用、粗く砕いた小石大の破片を表面も滑らかなタンブルに仕上げるバレル型の研磨機など、用途別に様々な機器があるが、瑪瑙もジャスパーも細かく磨き上げるほど、鮮やかな色彩と高い光沢をもって美しく輝く。

（上段・左）現地で採集している業者から直接購入した、アルゼンチン、サン・ラファエル産の瑪瑙の原石。大きさはピンポン玉大から直径10cmほど。（上段・中央）刃にダイヤモンドの粒子が定着されている、専用のカッターで原石を切る。高熱を発するため、冷却液が必須だ。切る方向によって模様が決定されてしまう。（上段・右）カッターで半分に切った瑪瑙。（下段・左）ダイヤモンドの粒子が練り込んである砥石、または炭化ケイ素の研磨材などで、水を加えながら、平面を磨く。砥石の粗さを数段階変え、表面の凹凸を無くしていく。（下段・中央）表面が完全に平滑になったら、酸化セリュームや酸化スズの粉末を使って、仕上げのつや出しをする。（下段・右）石の表面を丸磨きする振動式バレル型研磨機。

147. 瑪瑙（ポリヘドロイド）
Cachoeira dos Índios, Paraiba, Brazil
Jeffrey Anderson Collection

148. 瑪瑙（ポリヘドロイド）
Cachoeira dos Índios, Paraiba, Brazil

149. 瑪瑙（ポリヘドロイド）
Cachoeira dos Índios, Paraiba, Brazil

PSEUDOMORPH AGATES
仮晶の瑪瑙

瑪瑙は岩石の中の様々な空間にできるが、そこにすでに異なる鉱物の結晶があると、瑪瑙は残りの空間を充填するように形成されることになる。やがて年月が経って先にあった鉱物の結晶が消失すると、そこには消えた鉱物の形だけが凹型に残る。また、その形をある種の「鋳型」として新たに瑪瑙が形成され、消えた鉱物の形を残しつつ、全体がひとかたまりの瑪瑙となることがある。このように、消えた鉱物の結晶の形が、後にできた別種の鉱物の中、外形に残っているものを「仮晶」と呼ぶ。

瑪瑙にはこの「仮晶」を含むものが少なくないが、最もユニークな仮晶の瑪瑙はブラジルはパライバ産のポリヘドロイドだ。大きな方解石などの結晶が消えたあと、その形を鋳型として瑪瑙の塊ができた、あるいは方解石などの結晶の間の隙間を埋めるようにして瑪瑙ができ、後に結晶が消失したのだという説がある。いずれにしても、カットすると三角、あるいは四角形、五角形の断面となり、内部の模様もこの直線的なラインにそってできているという、他にはみられないユニークな姿の瑪瑙だ。

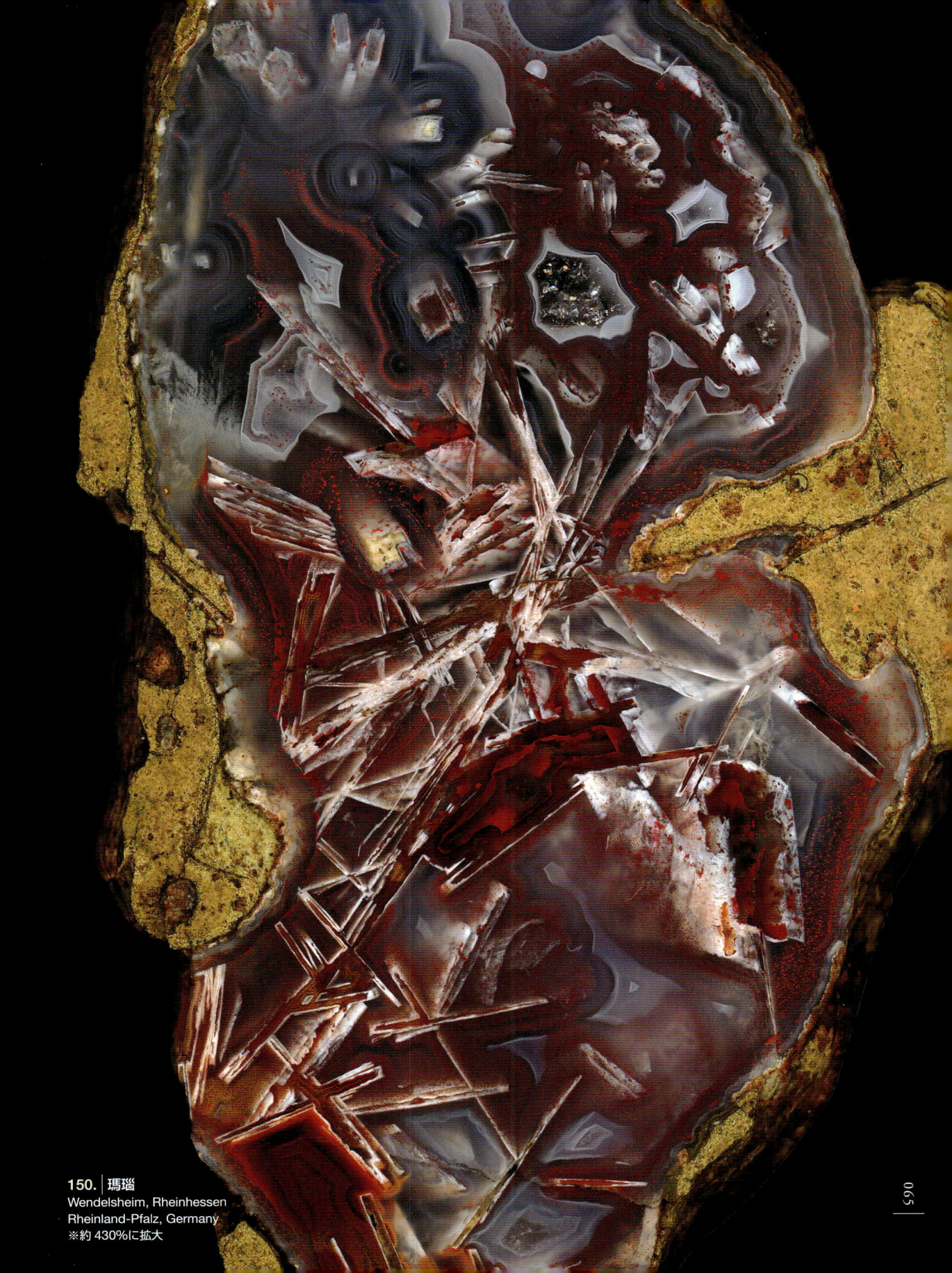

150. 瑪瑙
Wendelsheim, Rheinhessen
Rheinland-Pfalz, Germany
※約 430%に拡大

PSEUDOMORPH AGATES

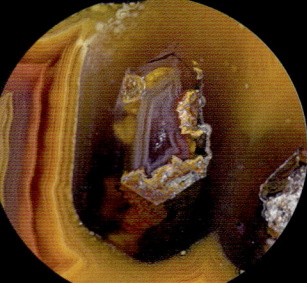

151. 瑪瑙（コヤミト・アゲート）
Rancho Coyamito,
Chihuahua, Mexico

153. 瑪瑙（コヤミト・アゲート）
Rancho Coyamito,
Chihuahua, Mexico

152. 瑪瑙（コヤミト・アゲート）
Rancho Coyamito,
Chihuahua, Mexico

154. 瑪瑙
Arenrath, Eifel,
Rheinland-Pfalz, Germany

155. 瑪瑙
Çubuk, Turkey

仮晶の瑪瑙が多く採れる場所としては、ドイツ中西部のアルツァイ、ウェンデルスハイム、メキシコはチワワ州産のコヤミト・アゲート、トルコのアンカラ北部産のものなどが知られている。コヤミト・アゲートはあられ石の結晶の形が入っているものだが、断面を拡大して見ると、結晶が消えた後の棒状の空間に新しく細長い縞瑪瑙ができていることがわかる（No.151の拡大写真）。トルコの仮晶の瑪瑙はやはりあられ石の形がぎっしりと詰まっている、非常に複雑な構造の瑪瑙だ。21世紀に入ってこうしたものが豊富に採れる産地がみつかり、「ニードル（針）瑪瑙」という名でも取引されている。

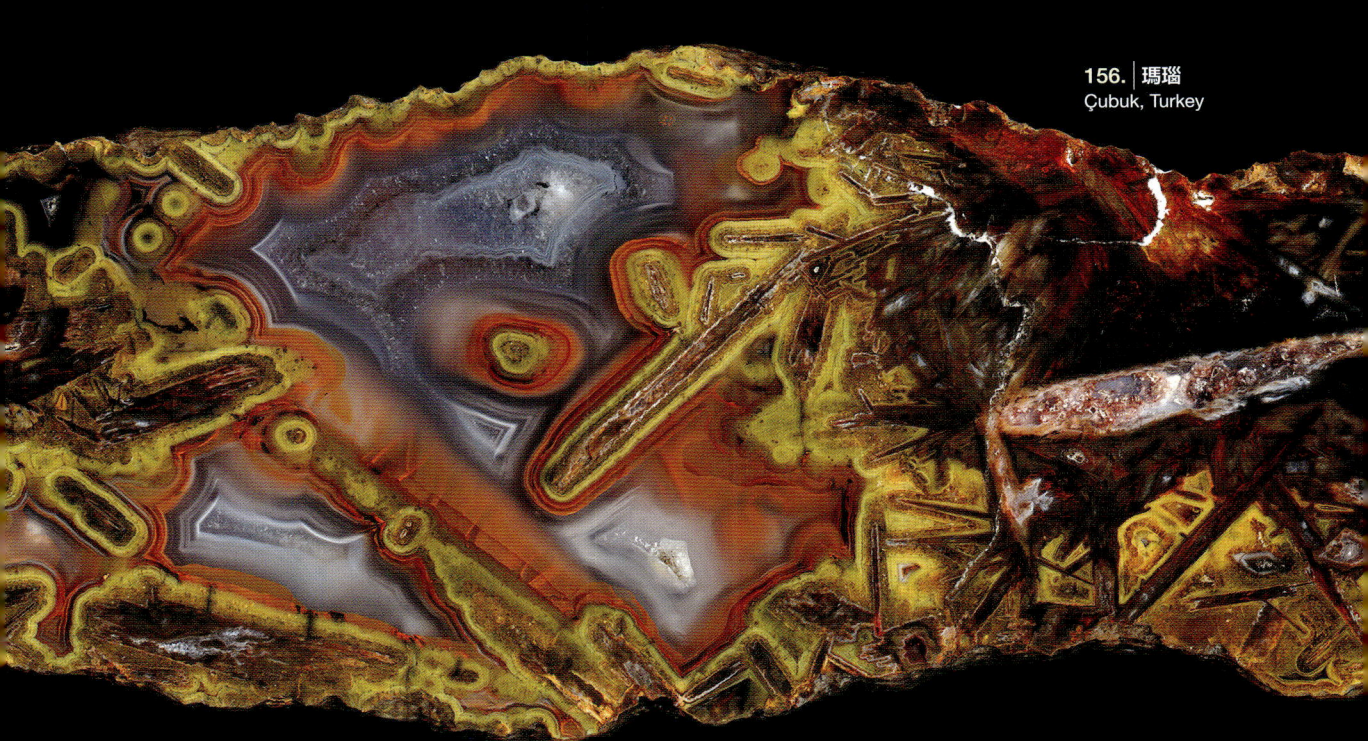

156. 瑪瑙
Çubuk, Turkey

様々なサンダーエッグの原石と
半分にカットされたもの（右下）

美しき雷の卵──
サンダーエッグ
THUNDEREGGS

火山灰や溶岩中にできた
球状の流紋岩の塊（＝球顆）の中心部に、
空洞があるものがある。
溶岩が冷える過程で、球顆の中の気泡が膨張してできるものだ。
この空洞にシリカを多く含んだ溶液が入り、
中に美しい水晶や玉髄、ジャスパー、オパールなどができることがある。
これらはサンダーエッグ（雷の卵）と呼ばれている。
サンダーエッグは比較的ありふれたもので、日本にも様々な産地があるが、
特に、米国オレゴン州、ニューメキシコ州、ドイツのザクセン地方、ポーランド、
オーストラリアなどは美しいものを多く産することで知られている。
中に入った貴石そのものの美しさだけでなく、星形、半月形など、それらの形状にもまた、面白みがある。

157. 瑪瑙（サンダーエッグ）
St. Egidien, Saxony, Germany

158. 瑪瑙（サンダーエッグ）
Baker Mine, Deming, New Mexico, USA

159. 瑪瑙（サンダーエッグ）
St. Egidien, Saxony, Germany

サンダーエッグ伝説
オレゴン州の「州の石」と先住民の物語

サンダーエッグは米国オレゴン州の州の石に指定されている。オレゴン州は米国で最も火山の多い州だ。最高峰のフッド山（3428m）をはじめ、雪をいただく火山が連なるカスケード山脈が南北に貫いている。火山活動は約四千万年前にまでさかのぼり、広範囲に噴出し厚く降り積もった流紋岩質の火山灰が粘土化した層は、サンダーエッグを産む格好の巣となっている。産地は主にオレゴン州中部のオチョコ国立公園周辺に集中しており、確認されているだけでも20を超える産地がある。これほどサンダーエッグの産地が集中している場所は、世界中を見渡しても他にない。そもそも、サンダーエッグの名そのものも、オレゴン州の先住民の伝説に由来していると言われている。それはこんな話だ。

その昔、現フッド山とジェファーソン山のそれぞれの山の神が大喧嘩をして、怒って互いにサンダーバードの卵を手投げ弾のように投げ合った。サンダーバードは先住民の神話世界に登場する超自然的力をもった霊鳥だ。この卵が当たると爆発して稲妻が走るのだが、狙いが逸れて地面に落ちた卵もたくさんあった。これがサンダーエッグだという。

サンダーエッグは現在はほとんどが粘土質の地中から掘り出されているが、かつては地表に転がっているものも少なくなかった。割ると中から光る瑪瑙やオパールが星形に弾けた形で出てくることから、こうした物語が生まれたのだろう。この名は今や北米だけでなく世界中で使われている。

オレゴンのサンダーエッグは多彩だ。瑪瑙は色味には比較的乏しいが、インクルージョンが豊富で、プライデー・ランチで採れたプルーム・アゲートはその美しさからコレクターや宝飾関係の人たちの間で大変人気が高い。ジャスパーやコモン・オパールが詰まったものも多く採れるが、七色に光る遊色がみられる宝石オパールも豊富に採れた場所があり、ティファニーの副社長だったジョージ・クンツは、1882年にオレゴンのある場所で採れたオパール入りのサンダーエッグを2万ドル相当取引したと記録している。

現在オレゴン州にはリチャードソン・ランチ、ラッキーストライク、フレンド・ランチなど、料金を払うと「卵掘り」をさせてくれる場所があり、大人から子供まで気軽に採集が楽しめる。

160. 瑪瑙（サンダーエッグ）
Buchanan Ranch, Oregon, USA

161. 瑪瑙（サンダーエッグ）
Lucky Strike Mine, Ochoco Mountains, Oregon, USA

162. 瑪瑙（サンダーエッグ）
Valley View Mine, Ochoco Mountains, Oregon, USA

163. 瑪瑙（サンダーエッグ）
Succor Creek, Oregon, USA

164. 瑪瑙（サンダーエッグ）
Mutton Mountain, Oregon, USA

伝説の山・フッド山と
サンダーエッグの原石

オレゴン州マドラス近郊のリチャードソン・ランチ産のサンダーエッグには、一般公開されている鉱脈があり、1ポンド（約450g）あたり1ドルで、掘ったものを持ち帰ることができる。（2011年現在）。

　一帯はかつてプライデー・ランチと呼ばれていたが、とても良質なプルーム・アゲートが採れる場所があり、1950年代初頭の2、3年の間、1日2ドル50セントの定額で好きなだけ掘って持ち帰ることができたという。現在この産地のプルーム・アゲートは採掘されておらず、古いストックやコレクターの放出品だけが取引されている。

165-167. 瑪瑙
（プライデー・プルーム・アゲート）
Priday Ranch, Oregon, USA

168. 瑪瑙（サンダーエッグ）
Richardson Ranch, Oregon, USA

Thundereggs

169. 瑪瑙
（プライデー・プルーム・アゲート）
Priday Ranch, Oregon, USA
※約 400%に拡大

Thundereggs

サンダーエッグの大きさは、ドングリくらいのものから直径1mを超えるものまで様々だ。ひとつの卵に「部屋」が複数あり、それぞれ異なったものが入っている場合もあれば、二つ、三つさらにそれ以上と、卵同士が合体しているものもある。中に入っている瑪瑙などが扁平なディスク状に（No.177など）なっていて、卵の殻部分が風化などで崩れて中身だけが外に出たものを、日本では「そろばん玉石」と呼ぶ。（この見開き頁の標本の詳細は巻末参照）

170.
171.
172.
173.
174.
175.
176.
177.
178.

❖ THUNDEREGGS　サンダーエッグ

179.
180.
181.
182.
185.
183.
184.
186.
187.
188.

075

Thundereggs

白いオパールが入ったサンダーエッグはごくありふれたものだが、透明度の高いオパール、青やオレンジ色のオパール、宝石のグレードのプレシャス・オパールを含むものもある。日本でも福島県宝坂をはじめ、愛知県棚山高原、長崎県波佐見町、石川県赤瀬温泉付近などでもまれに良質なオパールが採れた。現在、宝石グレードのオパールを含むエッグとして最も多く流通しているのはエチオピア産のものだ。比較的最近発見されたもので、最初はチョコレート・オパールと呼ばれる赤茶系のベースのものが発見され、2008年には透明度の高い鮮やかな遊色のあるものが採れる鉱脈が見つかった。

189. オパール（サンダーエッグ）
Mezezo, Ethiopia

190. オパール（サンダーエッグ）
愛知県新城市棚山高原

191. オパール（サンダーエッグ）
Owyhee Mountains, Idaho, USA

192. オパール（サンダーエッグ）
Wello, Ethiopia
光の当たり具合で様々に色が変化する

サンダーエッグの中に空洞があり、玉髄や水晶の結晶が生えている晶洞になっているもの（ジオードと呼ぶ）が多々ある。細長く伸びた玉髄の結晶が連なる様は、さながら鍾乳石が生える洞窟のミニチュアだ。

193. 瑪瑙（サンダーエッグ）
Piedra Parada, Chubut Province, Argentina

194. 瑪瑙・水晶（ダグウェイ・ジオード）
Dugway, Utah, USA

195. 瑪瑙・玉髄（サンダーエッグ）
Baker Mine, New Mexico, USA
Alan Meltzer Collection

日本の瑪瑙・ジャスパー
加工の歴史と主な産地

『日本書紀』に、朱鳥元年（686年）正月、摂津国の百済新興という人が朝廷に「白瑪瑙」を献上したという記述がある。これが日本の文献最古の瑪瑙の記録だ。その少し前、654年の遣唐使の献上品のリストに琥珀と瑪瑙があるが、その大きさに関しては中国の『旧唐書』と『新唐書』の新旧二種の唐の正史で記述が異なる。前者は瑪瑙が「五斗器」の容積ほどの大きさとしているので、約30リットル分、後者は「五升器」ほどとあり、約3リットル分になる。旧い方の記述を信頼するとしたら、直径40cmの球体ほどもある、かなり大きな塊だったことになる。瑪瑙は仏教のいう「七宝」のひとつでもあり、良質なものは宝物として扱われていたのだろう。

縄文・弥生の先史時代から、瑪瑙は矢じりや石器として、あるいは勾玉などの装飾品として用いられてきた。佐渡や山形県、福岡県など、シリカを含む緑色凝灰岩や瑪瑙を産する地域から加工場跡が多数発見されている。古墳時代には瑪瑙の採掘・加工の中心地は、現在の島根県松江市、出雲玉湯町周辺にあった。近くの花仙山では青緑色のジャスパー（青瑪瑙と呼ばれていた）や赤味のある瑪瑙が採れ、これを素材として勾玉、管玉などの装飾品が数多く作られる。工房跡である玉作遺跡は数十におよび、古墳時代から平安中期頃まで、国内最大の瑪瑙の採掘・加工センターだった。

近世以降、瑪瑙加工の中心地だったのは若狭、現在の福井県小浜市だ。瑪瑙細工の技術は奈良時代に鰐族と呼ばれる渡来人によってもたらされたという言い伝えがあるが、具体的には江戸時代中期に色の薄い原石を焼いて、中に含まれる酸化鉄を赤く変色させる色揚げ法が開発されたことで、加工業が盛んになった。かんざしの玉や帯

197. 石川県・医王山から流れ落ちてきたサンダーエッグ

198. 石川県小松市菩提の瑪瑙。外殻は激しく風化しているものが多い。外側の白化している層と、内側のダークグレーの瑪瑙のちょうどきわの部分は陶器のような肌合いになっていることがある

出雲で出土した古墳時代の瑪瑙製の勾玉。青緑のジャスパー（左）と赤味のある瑪瑙（右）製。（写真提供：松江市出雲玉作資料館）

196. 古墳時代の玉作遺跡から出土した瑪瑙の原石

留めから、さらに複雑な工芸品まで、高い技術をもって作られ、「若狭めのう」は全国的に知られるようになる。ただ、若狭近辺でまとまった量の瑪瑙が採れる場所はなく、原石は島根県、あるいは隣の石川県や富山県のものを使っていたという。

若狭の瑪瑙細工は比較的最近までブラジルから原石を輸入して作られてきたが、21世紀に入って組合は解散し、残念ながら産業としては衰退しつつある。

石川県小松市の菩提周辺、石川県と富山県との県境付近の医王山周辺では現在でも、瑪瑙やジャスパー、オパールなどが多く採れる。菩提周辺では、黄土色のモスが入ったもの、青白い縞模様の入ったもの、さらに瑪瑙やオパールが入ったサンダーエッグなど、いくつかの種類の瑪瑙を産する。医王山周辺の瑪瑙は大きなサンダーエッグが多く、これが川に落ち、石川、富山の両側に流れる。ダムができたことで下流に流れてくる瑪瑙は減ったようだが、現在でも河原で時間をかけて探せば、必ず見つかる。

若狭の瑪瑙加工業者が明治10年に新たな産地を求めて開発したのが、北海道は瀬棚郡今金町の花石だ。非常に多くの埋蔵量を誇り、一時は海外に輸出さえしていた。縞瑪瑙、モス・アゲート、プルーム・アゲートと様々な種類の瑪瑙を産したが、良質なものはほぼ掘り尽くされてしまったと言われている。昭和30年代に産業としての採掘は終了し、現在採掘は禁じられている。

花石の瑪瑙の多くは乳白色にグレー、もしくは半透明の縞瑪瑙で、やはり加熱して色揚げしていたが、天然の赤味の強い瑪瑙もある。これに白いプルームが入っているサンプルがあるが（No.201）、まさに「花の石」といった様子で、こうしたものがどれだけ採れたかわからない

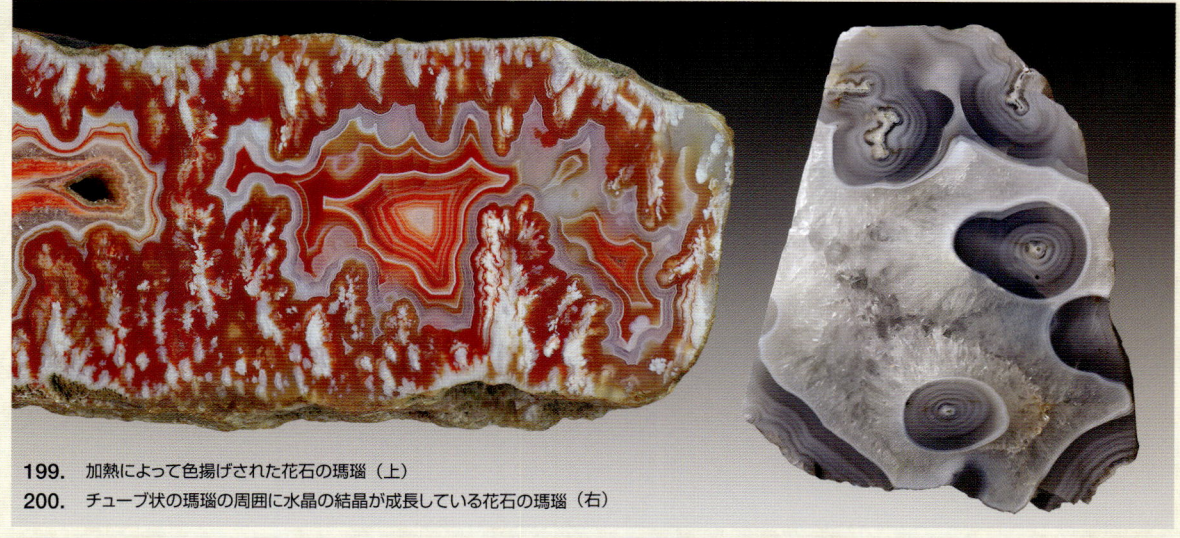

199. 加熱によって色揚げされた花石の瑪瑙（上）
200. チューブ状の瑪瑙の周囲に水晶の結晶が成長している花石の瑪瑙（右）

201. 瑪瑙（プルーム・アゲート）
北海道瀬棚郡今金町花石

202. 浜に揚がった錦石を丸磨きしたもの

203. 津軽・梵珠山の瑪瑙

が、地名の由来が窺われる。

　良質な瑪瑙やジャスパーなどが最もバリエーション豊かに採れたのは青森県津軽地方だ。津軽石、錦石の名で知られる色とりどりのジャスパーは、かつては浜で豊富に拾えた。模様も多種多様で、江戸時代の希代の奇石収集家にして本草学者である木内石亭の著書『雲根志』にも、津軽石は美しさからすればこれに及ぶものはない、と記されている。瑪瑙も梵珠山で採れる青味のあるものをはじめ、乳白色の縞瑪瑙、モス・アゲート（58頁）、黄鉄鉱や白鉄鉱の結晶が入った銀花石（No.205）など、様々なものが採れた。

　津軽の海岸で採れる、小さな粒状の透明な玉髄は舎利石と呼ばれ、日本各地の寺院の舎利塔などに収められているという。仏舎利（仏陀の遺骨）のかわりに宝石を用いる習慣はインドでのダイヤモンドにはじまり、中国ではコランダム（ルビーやサファイア）などが使われたようだ。津軽の舎利石は五色に輝くと『雲根志』にあるから、良質なものは美しい光彩を放っていたのだろう。『雲根志』には舎利石を産む「舎利母石」についても書かれている。玉髄の粒が入った安山岩の母岩のことだが、これから派生した話なのか、舎利石は器に入れて何年か経つと、数が増えるとも言われていたようだ。

　大正時代までは浜で老人や子供が舎利石を拾ってはお米と交換していたという。文字通り、しゃりとしゃりの交換だが、どちらもそれほど貴重だったということだろう。津軽の瑪瑙や錦石も枯渇しつつあるが、それでも日本で最も模様の美しい石が採れる場所であることは『雲根志』の時代も今も変わらない。

　欧米では丸い模様がたくさん入ったジャスパーを、

204. 津軽錦石。鹿の子と呼ばれる斑点模様のジャスパー

205. 柱状に成長した白鉄鉱をクオーツが覆った、津軽の銀花石

オービキュラー・ジャスパーと呼ぶが、日本では丸い模様の大きさによって、大きい順に孔雀石、鹿の子石、魚子石と呼ぶことが多い。津軽の鹿の子石は暖色系から青や紫色の入ったもの、瑪瑙が混じっているものもあり、このタイプのジャスパーとしては最高品質のものだ。

　秋田県も瑪瑙やジャスパーを多く産するが、五城目で工事中に良質なオービキュラー・ジャスパーの鉱脈が出てきたことがある。五城目孔雀石と呼ばれる、色鮮やかで見事な石だ。ジャスパーの孔雀石は、菊花石で有名な岐阜県の根尾でも採れる。こちらも赤・黄のコントラストが美しい良質な石で、北米でポピー・ジャスパーと呼ばれるもの（107頁）と非常によく似ている。

　他にも瑪瑙・ジャスパーの産地は全国に様々あり、川で拾える所も多い。茨城県の久慈川支流域は広範囲に瑪瑙を産し、特に常陸大宮市の北富田では火打ち石用に採掘されていた。壁面に見事な玉髄の脈が走る坑道跡が残っている。現在でも河原で最も手軽に瑪瑙採取ができる場所のひとつだ。

　山形県の最上川の源流域も瑪瑙・ジャスパーは豊富だ。佐渡もかつては銘石として名高い赤いジャスパーの「赤玉」をはじめ、鮮やかな色味のジャスパーが採れた。福島県只見川、阿賀野川流域、岐阜県庄内川などもかつて瑪瑙やジャスパーが豊富に採れたが、全般的な傾向として、日本の河川の多くの上流にダムや砂防壁などが増えたことで新しい石がなかなか下流までおりて来なくなっている。

　それでも、山に眠っている石はまだ豊富にあるはずだ。今後も新しい道路建設などの際に、思いがけず瑪瑙の鉱脈が現れることがあるかもしれない。

207. 流紋岩中に小さなサンダーエッグが詰まっている、津軽の「花子石」。レインフォレスト・ジャスパー（No.280）と同種のもの

208. 奥久慈・北富田産の白いプルーム入りの瑪瑙

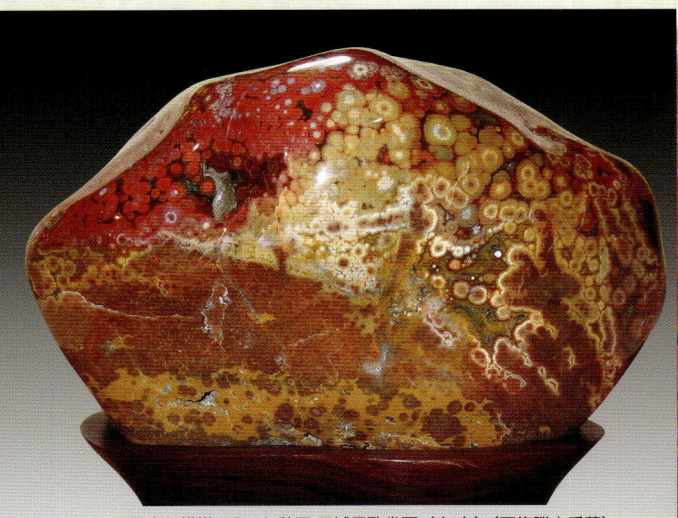

206. 見事な模様の入った秋田・五城目孔雀石（上・右）（田旗勝之氏蔵）

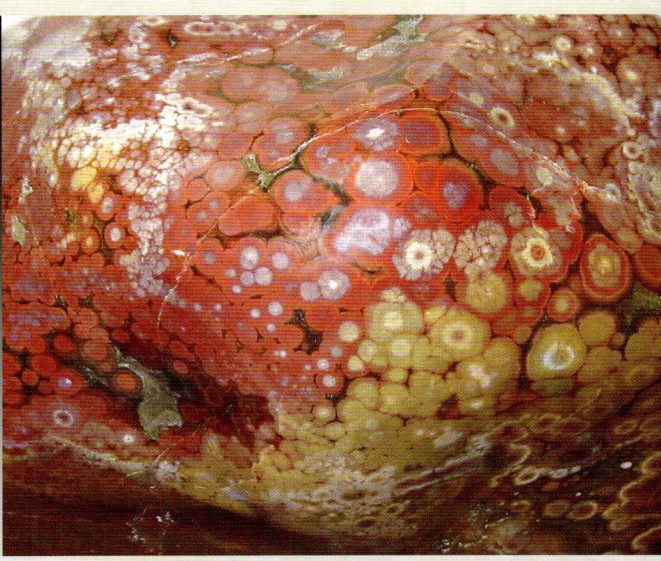

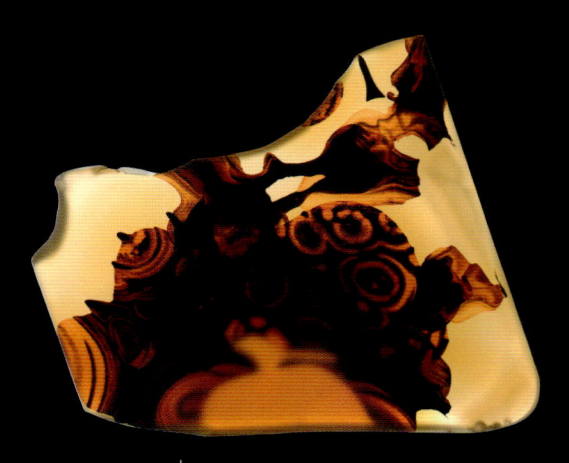

209. 瑪瑙
Carazinho, Rio Grande do Sul, Brazil

渾沌と規則性と──
複合的な瑪瑙
Agates with Complex Structures

縞瑪瑙、インクルージョンが木立や花束のように見える瑪瑙など、瑪瑙を特徴別に紹介してきたが、様々な要素が複雑に絡み合っているもの、または分類しがたい独特な模様をもつものも少なくない。瑪瑙の面白みは縞模様などの緻密な規則性と、インクルージョンなどの混入による乱調との絶妙な同居ともいえるが、ここでは分類しにくい、複雑な構造の瑪瑙、唯一無二の特徴をもったものを紹介する。

210. 瑪瑙
Rio Grande do Sul, Brazil

211. 瑪瑙
Rio Grande do Sul, Brazil

AGATES WITH COMPLEX STRUCTURES

82頁の No.209 や、このブラジルのリオ・グランデ・ド・スル州、カラジニョ産の瑪瑙は暗褐色で、反射光のもとでは模様もはっきり見えないが、薄くスライスして、透過光で見ると全く違った世界が拡がる。生体の神経細胞かなにかの顕微鏡写真を見ているような世界は、無機物であるはずの鉱物の生命活動をかいま見るかのようだ。

212. 瑪瑙
Carazinho, Rio Grande do Sul, Brazil
※約 275%に拡大

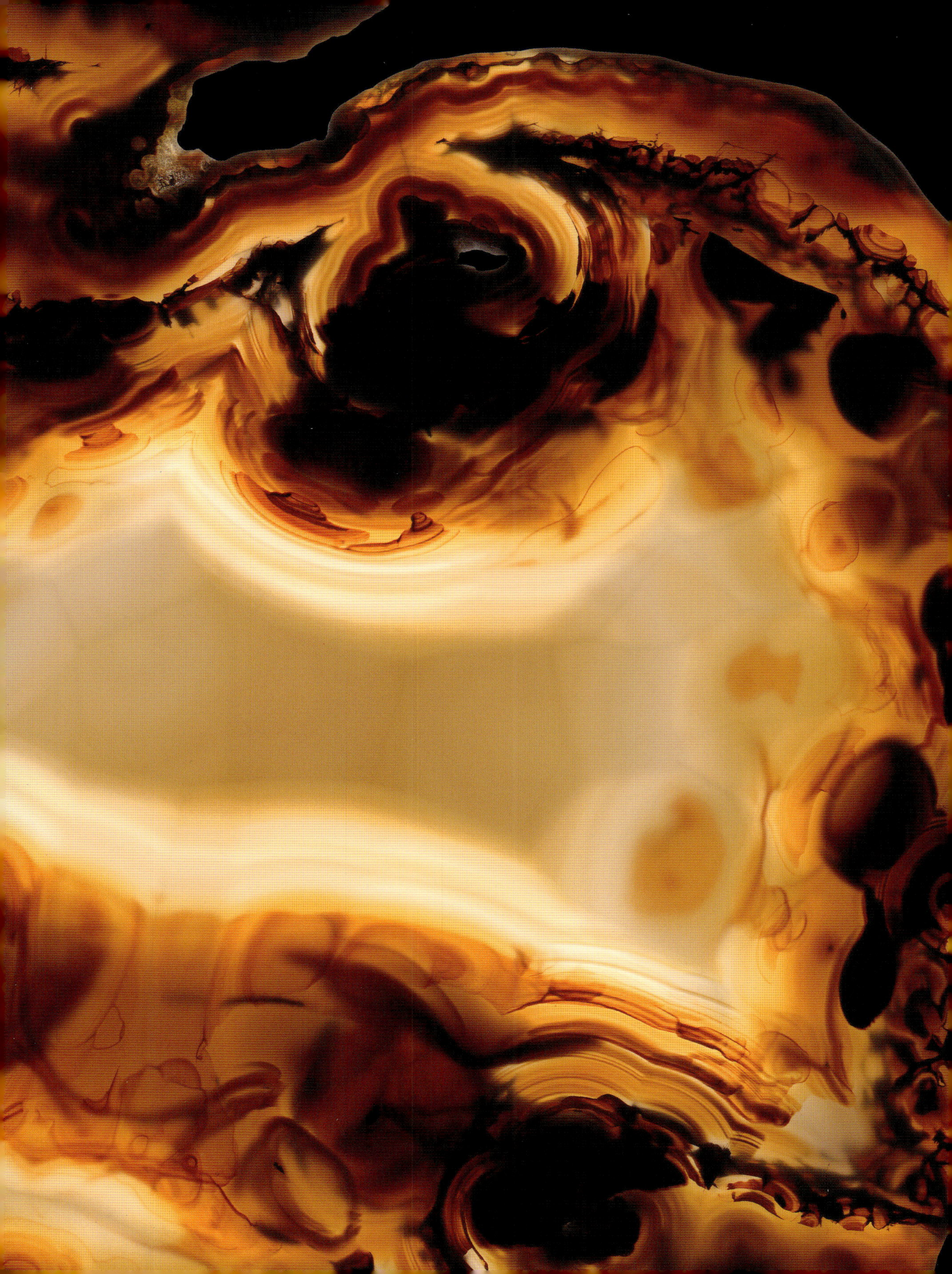

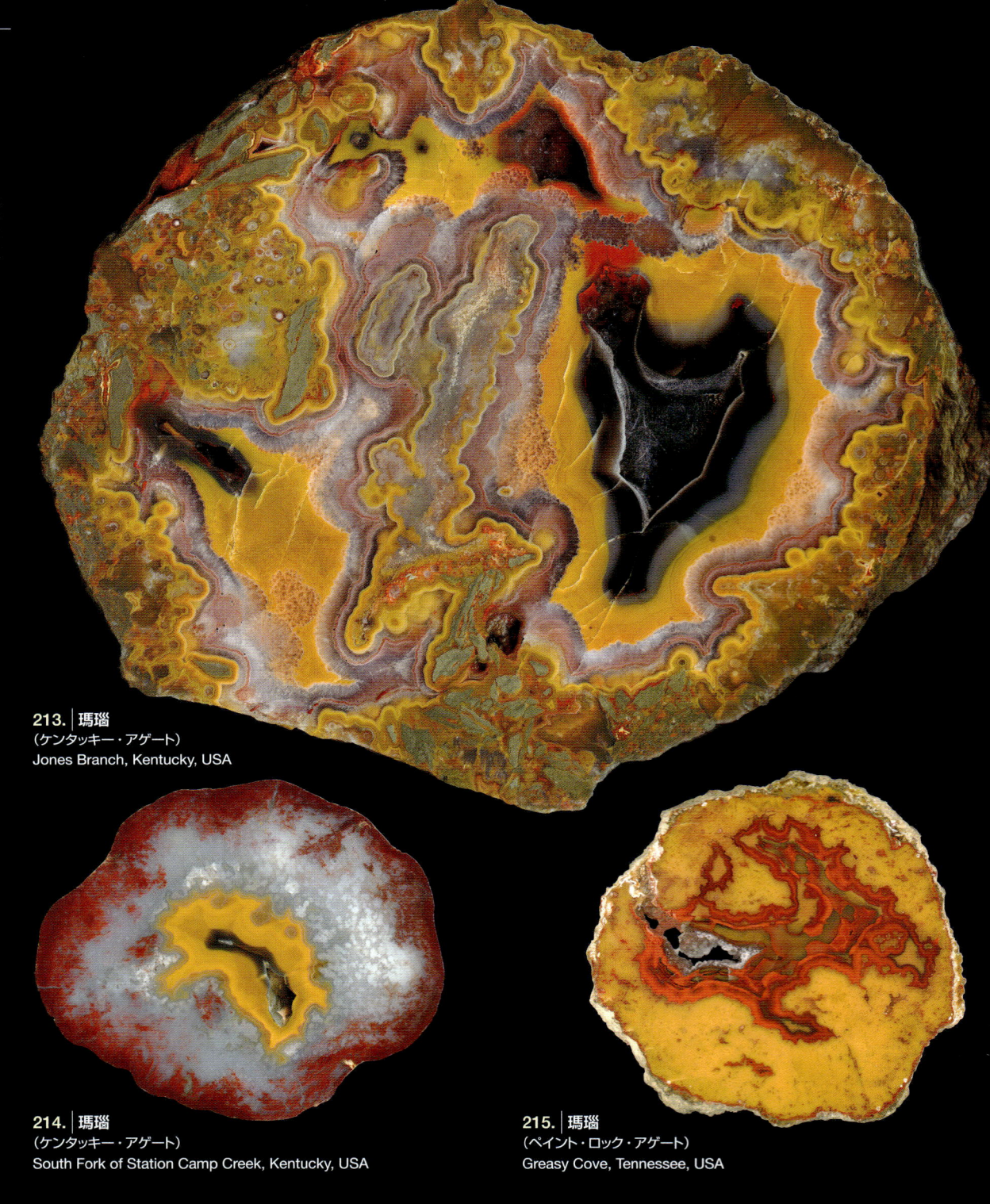

213. 瑪瑙
（ケンタッキー・アゲート）
Jones Branch, Kentucky, USA

214. 瑪瑙
（ケンタッキー・アゲート）
South Fork of Station Camp Creek, Kentucky, USA

215. 瑪瑙
（ペイント・ロック・アゲート）
Greasy Cove, Tennessee, USA

ケンタッキー州東部で採れる瑪瑙は、堆積岩中に生成した瑪瑙だ。鮮やかな黄色を基調としつつ、黒、ピンク、まれに深紅と色彩豊かで、これがモスと縞が混じり合った複雑な模様になると、他にはみられない独特の姿になる。アラバマとテネシーの州境付近で採れる瑪瑙も、ペイント・ロック・アゲートの名の通り、カラフルな瑪瑙だ。濃い山吹色のベースに鮮やかな赤がリボン状に入ったものは、唯一無二の強烈な個性を醸し出している。

Agates with Complex Structures

216. 瑪瑙（アパッチ・アゲート）
near El Apache, Chihuahua, Mexico

217. 瑪瑙（ルナー・アゲート）
La Mojina, Chihuahua, Mexico

縞瑪瑙の名品の多いメキシコ・チワワ州産の瑪瑙の中でも個性が際立っているのが、アパッチ・アゲートだ。透明度の高いベースの中に鮮やかな赤、黄のリボン状の模様が奔放に踊るものは非常に珍しい。

同じメキシコ産でも、ルナー・アゲートは全く異なる、静謐な印象のある瑪瑙だ。紫色を帯びたベースの中に白い球体が散っている様が、クレーターに覆われた月面のようだから付けられた名だという。

218. 瑪瑙
Horni Halze, Medenec, Czech

チェコのホルニー・ハルジェ産の通称「ジグザグ瑪瑙」は、とてもユニークだ。水晶の塊の中に、チューブを複雑に折り曲げたような、赤い独特な形の瑪瑙が入っている。稲妻のような形にも見えるので、稲妻瑪瑙とも呼ばれる。細い針状の金属か、細い棒状に成長した玉髄が崩れ落ちて重なり、その周りに赤い瑪瑙ができ、さらに残りの空間を水晶が埋めたとみられるが、謎が多い。瑪瑙の中に、鍾乳石状のものが垂れている姿が見えるものもある。空洞の中に、先ず上から垂れる鍾乳石状の玉髄ができ、後に残りの空間を瑪瑙が埋め、一体化したものだと考えられる。

219. 瑪瑙
Norman's Law, Fife, Scotland, UK

220. 瑪瑙
near Ngaba, Malawi

Agates with Complex Structures

アルゼンチンのメンドーサ州南部で採れる、石灰岩中に生成した瑪瑙のなかには大変ユニークなものがある。特にマラーグ産のものはピューマ・アゲートの名で知られている。細かい繊維状の鉱物の仮晶と見える塊の中に色鮮やかな赤、黄の瑪瑙が入っている。ひび割れ模様が赤く染まった、独特な姿の瑪瑙だ。

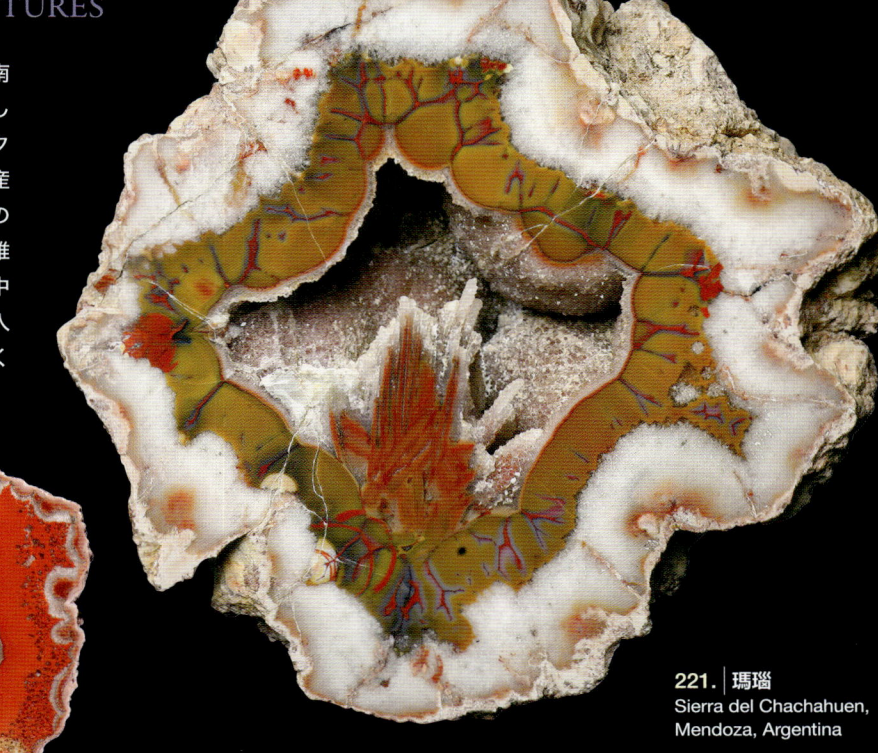

221. | 瑪瑙
Sierra del Chachahuen,
Mendoza, Argentina

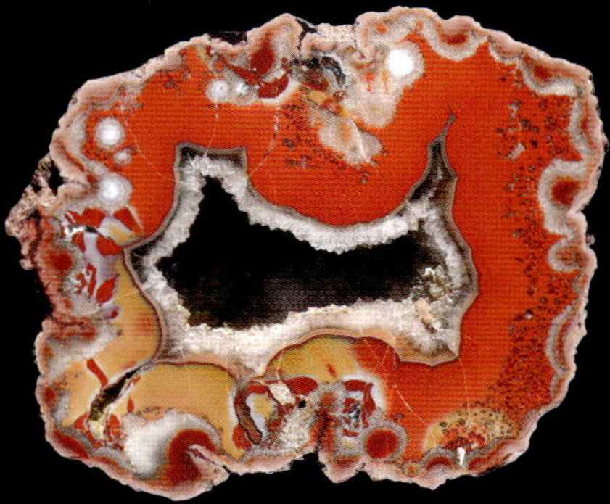

222. | 瑪瑙
Malargüe,
Mendoza, Argentina

223. | 瑪瑙
Sierra del Chachahuen,
Mendoza, Argentina

Agates with Complex Structures

224. 瑪瑙
Aouli, Morocco

225. 瑪瑙
Kerrouchen, Morocco

モロッコは鉱物資源が非常に豊富な国だ。鉱物や化石を扱う店の中にはモロッコ産の鉱物標本やアンモナイトやウミユリの化石などがひしめいている。北東 - 南西方向に伸びる国土のほぼ中心を背骨のように、標高 3000-4000m 級のアトラス山脈が貫いているが、その北東側と南西側の二つの端のエリアに瑪瑙の産地が複数ある。それぞれ特徴がある瑪瑙が採れるが、北東側で産する瑪瑙は複雑な構造をもったものが多い。特にケルシャン近郊で採れるものは、縞模様とプルーム、モスが混じった独特な模様を見せ、異彩を放っている。

226. 瑪瑙
Aouli, Morocco
※約640%に拡大

227. 瑪瑙
Kerrouchen, Morocco

228. 瑪瑙
Zaer Zaiane, Morocco

229. 瑪瑙
Khur, Iran

AGATES WITH COMPLEX STRUCTURES

モロッコ、ザエル・ザイアン産の瑪瑙には、母岩の空隙の内壁沿いに生成していたセラドナイトの「皮」が崩壊してバラバラに崩れ落ち、さらにそれが瑪瑙の中に閉じこめられた独特なものが多くみられる。こうしたタイプの瑪瑙は、Fragmented Membrane Agate（バラバラになった被膜の瑪瑙）と呼ばれる。No.229のイラン産の瑪瑙も同じような構造をしている。

　ブラジルからアルゼンチンに流れ込むウルグアイ川で採れる瑪瑙の外郭部には、細かく白い羽毛のようなインクルージョンがしばしばみられる。これらは特別にクラウド（雲）・アゲートとも呼ばれる。

230. 瑪瑙
Uruguay River, Argentina

IRIS AGATES

231. 瑪瑙（イーリス・アゲート）
San Rafael, Mendoza, Argentina
峠武宏氏蔵

232. 瑪瑙（イーリス・アゲート）
Rio Grande do Sul, Brazil

FIRE AGATES

233. 玉髄・酸化鉄（ファイアー・アゲート）
Calvillo, Aguascalientes, Mexico

　もっぱら光彩を楽しむ瑪瑙がある。ひとつはギリシア神話の虹の女神の名にちなんでイーリス・アゲートと呼ばれるもので、透明度の高い縞瑪瑙を薄くスライスしたとき、細かな縞の層が分光器の役目を果たして、透過光が七色に輝いて見えるものだ。透明な縞瑪瑙ならどんなものでもこうした効果が得られるというわけではなく、実際に切って光にかざしてみないとわからない。

　もうひとつはファイアー・アゲートと呼ばれるもので、仏頭状の玉髄の表面をカラフルに光を反射する酸化鉄の膜が覆っていて、さらにこれを玉髄がコーティングしている。原石は玉髄の塊で、不透明な外皮に覆われているが、これを中の酸化鉄の膜のすぐきわまで削り出すことで美しい反射光が得られる。アリゾナ州、メキシコのアグアスカリエンテス州などで採れる。

人造か天然か
自動車工場で作られた瑪瑙と偽物の噂の絶えない石

自動車工場の中で思いがけずできてしまった「人造の瑪瑙」がある。北米の都市デトロイトの自動車工場で生まれた「フォーダイト」だ。フォード社をもじって付けられた名だが、自動車瑪瑙、デトロイト瑪瑙とも呼ばれる。

フォーダイトは車の塗装を手動で行っていた時代の産物だ。塗装する車体を載せていた台座などには、飛び散った様々な色のエナメル塗料が層状に堆積し、車体と共に何度も加熱処理を繰り返されて固化していく。縞瑪瑙の構造について洞窟の中で壁土を重ね塗りする作業にたとえたが（10頁）、本当にこの通りの手順でできたものといっていいだろう。やがてこの塗料の固まりが作業の妨げになるほど大きく硬くなると、削り取って捨てられていたわけだが、塗装工の中には、この偶然にできたカラフルな縞模様の固まりをアクセサリーなどに使えないか考えた者がいた。塗装のくずが人造瑪瑙フォーダイトに生まれ変わった瞬間だ。現在、自動車の塗装は帯電した塗料を使って金属に定着させる方法で行われているため、こうした副産物は生まれないようだ。デトロイトが自動車生産のメッカであった時代も遠い。フォーダイトは、かつてのアメリカの車産業の輝きを象徴する「貴石」といってもいいかもしれない。

このように偶然の産物で評判を呼んだ「貴石」がある一方、手の込んだ方法で作られ、天然と偽って売られる人造石もある。21世紀初頭に市場に登場して以来、天然石か人造品か、様々に憶測を呼んだ石に、レインボー・カルシリカ＝ Rainbow Calsilica がある。七色の縞模様をもつ石だ。メキシコのチワワ州産の天然石、流紋岩の岩盤に脈状に生成した方解石質のもので、鮮やかな色は銅などの金属成分の混入によるものという触れ込みで売買されてきた。販売業者は天然石であるという「アリゾナの研究機関による鑑定書」とやや不鮮明ではあるが鉱脈の写真を携えていた。

しかし、その後スイスと北米の二つの研究機関が分析したところ、人工の染料の成分が検出され、石灰質の石粉に着色したものを重ねて樹脂で固めた人造品という結論が出された。2011年現在で、人造品説に大きく軍配が傾いているが、異論を唱える業者もいて、曖昧な部分を残しながら次第に市場から消えつつある。これは珍しいケースではあるが、トルコ石なども、流通している石のかなりの部分が樹脂を染み込ませたり、着色するなどして加工されたもので、完全な天然石と言えるのかどうかには疑問があるところだ。

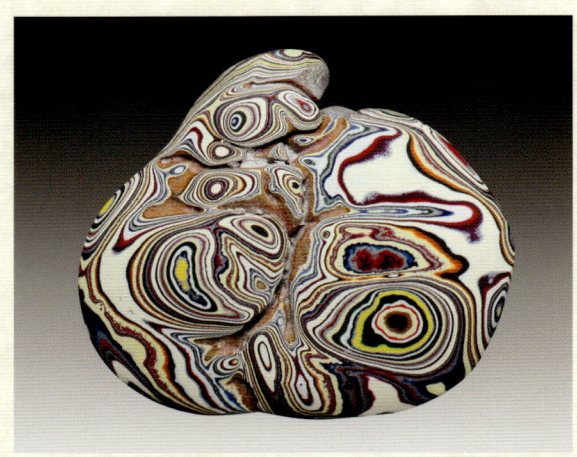

（左二点）フォーダイト。下のサンプルを見ると、最後に塗装されたのがメタリック・レッドの車だったことがわかる
（下）レインボー・カルシリカのスライス

WORLD OF JASPER

ジャスパーの世界

ジャスパーは瑪瑙と同じく石英を主成分とするが、その姿は全く異なる。不純物を多く含むため不透明で、瑪瑙が繊細な工芸品だとすれば、ジャスパーの模様にはさながら自然によるダイナミックなペインティングといった趣がある。ここでは様々なジャスパーと、宝飾の世界で、ジャスパーと同じようなカテゴリーで扱われている、ユニークな模様の流紋岩や苦灰岩などの岩石も紹介する。

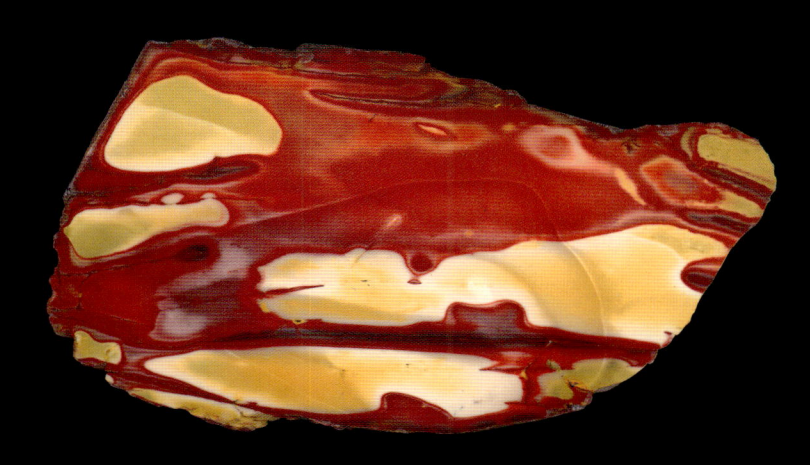

234. ジャスパー（モッカイト）
Mooka Creek, Western Australia, Australia

Ocean Jasper
オーシャン・ジャスパー

マダガスカル島北東部の海岸沿いで採れるオーシャン・ジャスパーは、これまでに見つかった瑪瑙、ジャスパーの中でも、最も派手な模様と色彩をもつ石かもしれない。瑪瑙とジャスパーの違いは冒頭で述べた（6頁）が、この石はかなりの部分がその性質上瑪瑙といえるものだ。大小様々な球状の構造（＝オーブ）が散っているのが特徴で、この球が縞瑪瑙状であったり、表面に水晶の細かな結晶が生えていて、切ると花模様のように見えたり、鎖状に連なっていたりと、多様な姿を見せる。シリカが沈殿していく際、溶液中に浮遊していた金属の粒を核に球状の玉髄ができ、大きくなっていったことでできた構造だ。色彩も緑を基調に赤、オレンジ、黄色、まれに紫と、バリエーション豊かだ。2000年に初めて鉱物フェアに登場したとき、さながら色とりどりの花柄模様を入れ込んだヴェネチアン・グラスか彩色した陶器が並んでいるかのようだった。大反響をよんだが、2006年には採り尽くされてしまった。

235.｜瑪瑙
（オーシャン・ジャスパー）
near Marovato, Ambolobozo, Madagascar

236. 瑪瑙
（オーシャン・ジャスパー）
near Marovato, Ambolobozo, Madagascar
※約 1150%に拡大

WORLD OF JASPER　ジャスパーの世界

オーシャン・ジャスパーは透明度の高いものから濁ったものまで様々だが、No.238、No.243などは全体に不透明で、ジャスパーと呼ぶにふさわしいものになっている。他の貴石同様、暖色系の色鮮やかなもの、特にピンク色のものは人気が高い。

237. 瑪瑙（オーシャン・ジャスパー）
near Marovato, Ambolobozo, Madagascar

238. 瑪瑙（オーシャン・ジャスパー）
near Marovato, Ambolobozo, Madagascar

OCEAN JASPER

❖ OCEAN JASPER　オーシャン・ジャスパー

239. 瑪瑙（オーシャン・ジャスパー）
near Marovato, Ambolobozo, Madagascar

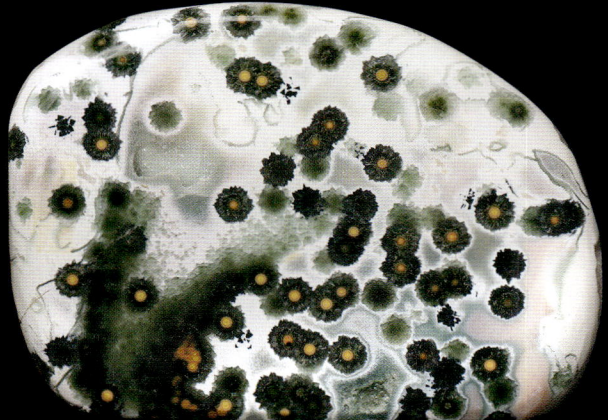

240. 瑪瑙（オーシャン・ジャスパー）
near Marovato, Ambolobozo, Madagascar

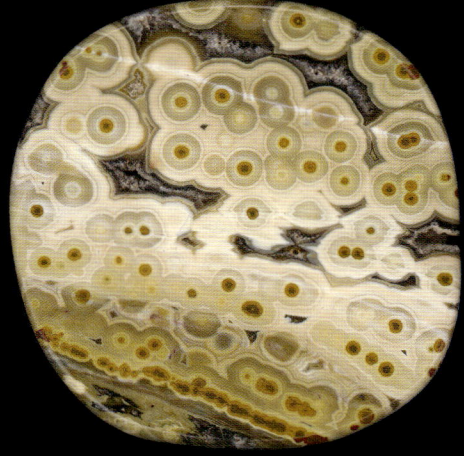

241. 瑪瑙（オーシャン・ジャスパー）
near Marovato, Ambolobozo, Madagascar

242. 瑪瑙（オーシャン・ジャスパー）
near Marovato, Ambolobozo, Madagascar

243. 瑪瑙（オーシャン・ジャスパー）
near Marovato, Ambolobozo, Madagascar

JASPER WITH ORBS
円形の模様のあるジャスパー

ジャスパーは泥や火山灰由来の非常に細かな粒子の不純物を多く含んでいる。赤鉄鉱や針鉄鉱などの成分によって、赤系、緑系、黄色系の色をみせるが、瑪瑙のように生成の過程で自ら層状の構造を作り出すようなことはない。ただ、不純物が多い分、固まる際に独特な模様が生まれることがある。特に、円形、あるいは泡状の、とろみのあるスープにクリームを落としたような、楕円が重なった模様は、ジャスパーに多くみられるものだ。オーシャン・ジャスパーの球状の模様とは全く別種のものだが、これもまたオーブと呼ばれる。

245. ジャスパー（ロイヤル・インペリアル・ジャスパー）
Zacatecas, Mexico

244. ジャスパー
（ロイヤル・インペリアル・ジャスパー）
Zacatecas, Mexico

このジャスパーは団塊状のもので、外殻は風化して白い石灰状になっている。楕円模様が複雑に重なった独特な模様をもち、色もバリエーション豊かだ

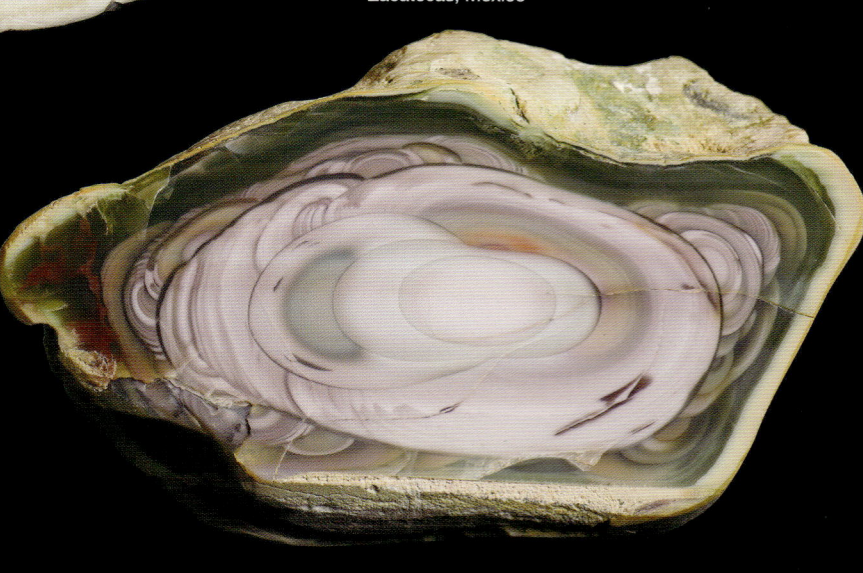

246. ジャスパー
（ロイヤル・インペリアル・ジャスパー）
Zacatecas, Mexico

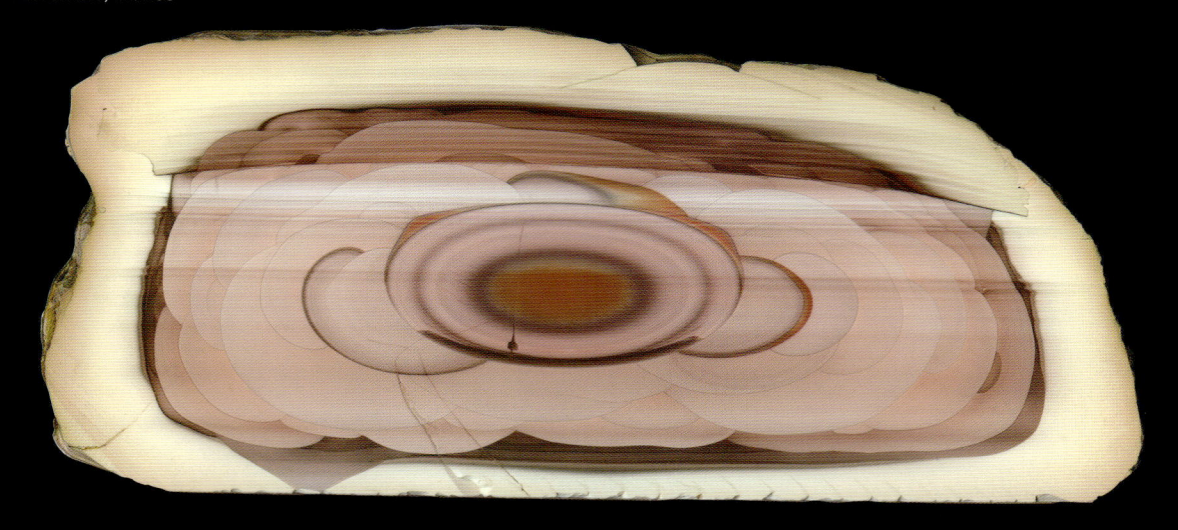

JASPER WITH ORBS 円形の模様のあるジャスパー

247. ジャスパー
（ブルノー・ジャスパー）
Bruneau Canyon,
Idaho, USA

248. ジャスパー
（ブルノー・ジャスパー）
Bruneau Canyon,
Idaho, USA
鉱物たちの庭 SPS コレクション

アイダホ州南東のブルノー渓谷で採れるジャスパー入りのサンダーエッグは、独特な泡状の模様が入ったジャスパーとしては最も有名だ。多くはNo.248のように赤茶色だが、まれにNo.247のような黒、緑色系のベースのものがある。ドロッとした粘り気の多い印象だが、イメージ通り、泥の粒子がシリカと一緒に固化したものだ

249. ジャスパー
（ブルーマウンテン・ジャスパー）
Blue Mountains,
Oregon, USA

ブルーマウンテン・ジャスパーはオレゴンを代表するジャスパーのひとつだ。青緑色のベースに明るいオリーブグリーンやカーキー色の大きなオーブが入っている。この標本は周辺部分が瑪瑙になっていて、モス状のインクルージョンがある

Morrisonite Jasper
モリソナイト

モリソナイトは発見者であり、産地の地主であったジェイムズ・モリソンにちなんで名づけられた。モリソンはオワイヒー川沿いの小さな家にひとりで暮らす初老の男性だった。農場の仕事のかたわら、山で先住民の岩絵などを探し歩くのを愉しみにする隠者のような暮らしだったという。それが、1947年にモリソナイトの脈を発見すると、静かな生活も一変し、採掘者が引きも切らず訪れることになる。

モリソナイトは「ジャスパーの王様」とも呼ばれる。粒子が細かく、研磨すると美しく輝く。湧き上がるような泡状の模様、砂丘に刻まれた風紋のように流れる襞模様と、これらをかき乱すように走るランダムな線、コントラストの高い色彩――モリソナイトは「芸術的な」ジャスパーとして発見以来高い人気を誇っている。

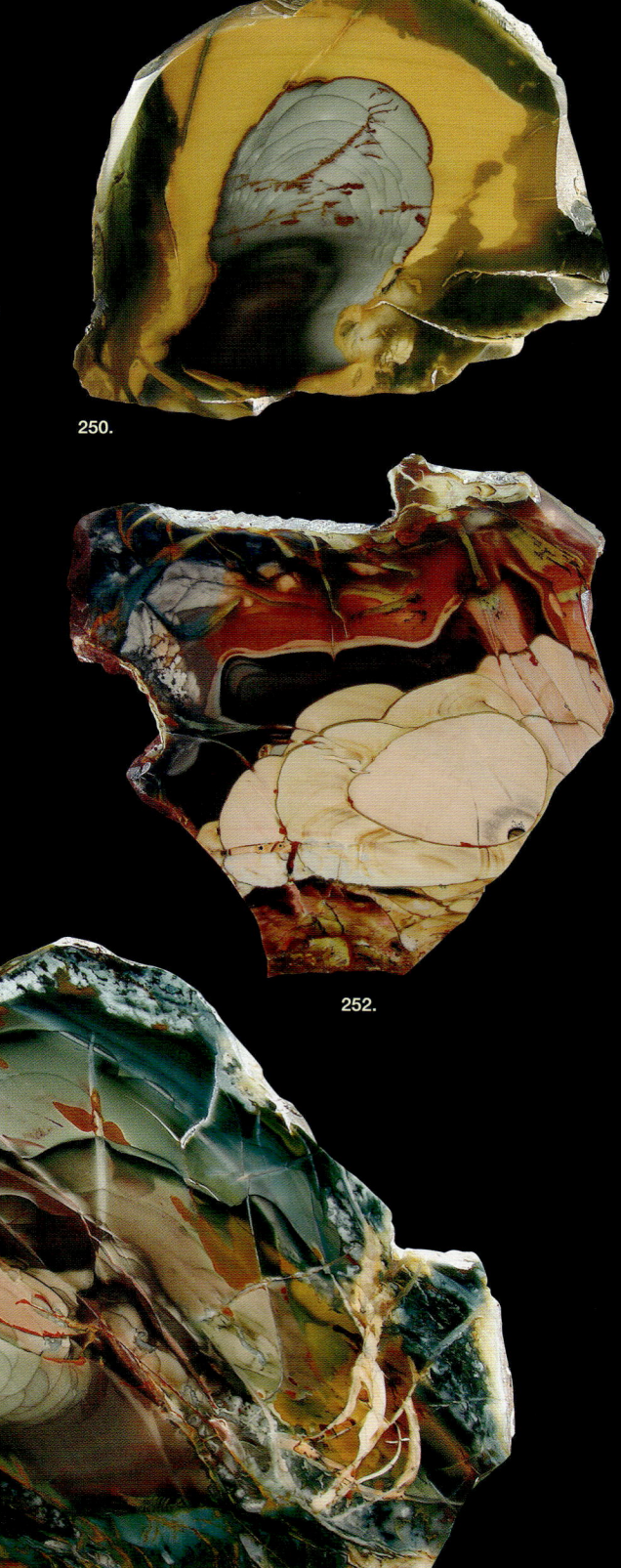

250.

251.

252.

253.

250-253. ジャスパー
（モリソナイト）
Owyhee River Canyon,
Oregon, USA
Philip Stephenson Collection

259.

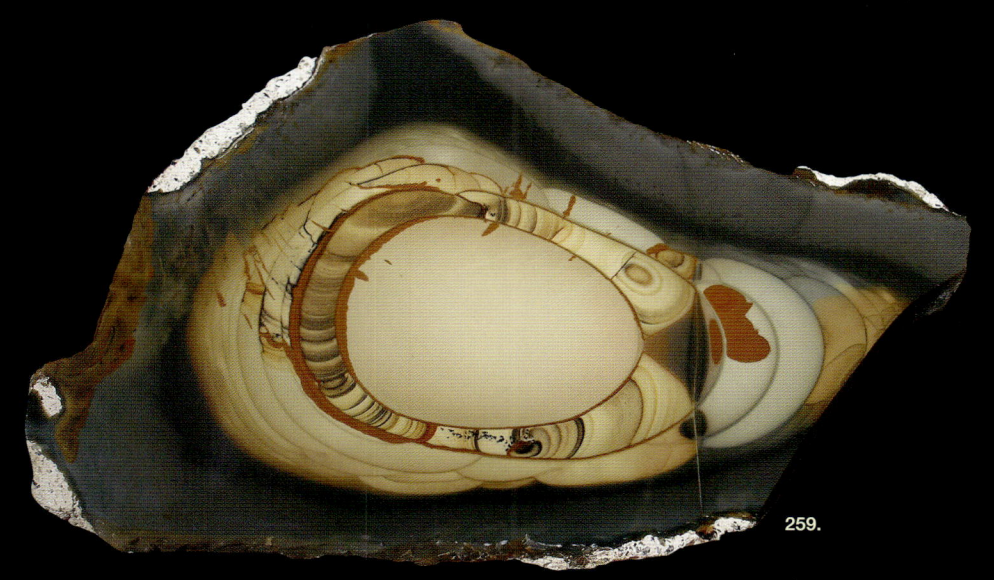

254. ジャスパー（モリソナイト）
Owyhee River Canyon,
Oregon, USA
Kathleen Fink Collection

255. ジャスパー
（ウィロー・クリーク・ジャスパー）
north of Eagle, Idaho, USA
Philip Stephenson Collection

256. ジャスパー
（ウィロー・クリーク・ジャスパー）
north of Eagle, Idaho, USA
Philip Stephenson Collection

255.

Willow Creek Jasper
ウィロー・クリーク・ジャスパー

ウィロー・クリーク・ジャスパーも、風紋のように反復する曲線とこれをランダムに横断する線が生み出す模様が美しいジャスパーだ。色味はクリーム系のものが多く、モリソナイトに比べ、柔和な印象がある。このジャスパーは巨大なサンダーエッグとして生成している。やはり密度の高い、磨くと美しく光る高品位のジャスパーだ。

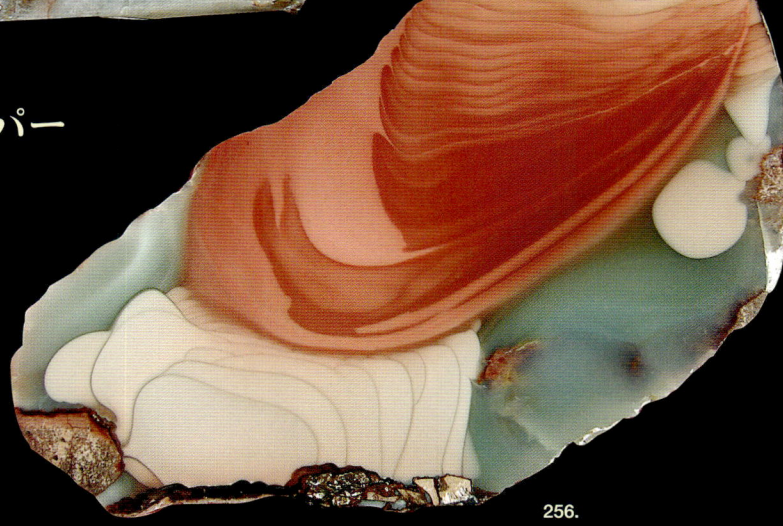

256.

OTHER JASPER VARIETIES
様々なジャスパー

ジャスパーの模様は多様で、柔らかい曲線が覆うものもあれば、亀裂、あるいは勢いのある筆跡をイメージさせる、直線が主体のものもある。これらの模様はひとつのプロセスでできたものではなく、長い時間、圧力による破壊と再固化など何段階かの変化を経て作られたものだ。

257. ジャスパー
（インディアン・ペイント・ストーン）
Death Valley, California, USA

ナヴァホ・ブランケット・ジャスパーの別名があるが、この標本はナヴァホ族の毛布という名がぴったりな色と風合いがある。シリカの含有量が少なく、ジャスパーと呼ぶには少し柔らかい石だ

258. ジャスパー
（アウトバック・ジャスパー）
near Payne's Find,
Western Australia, Australia

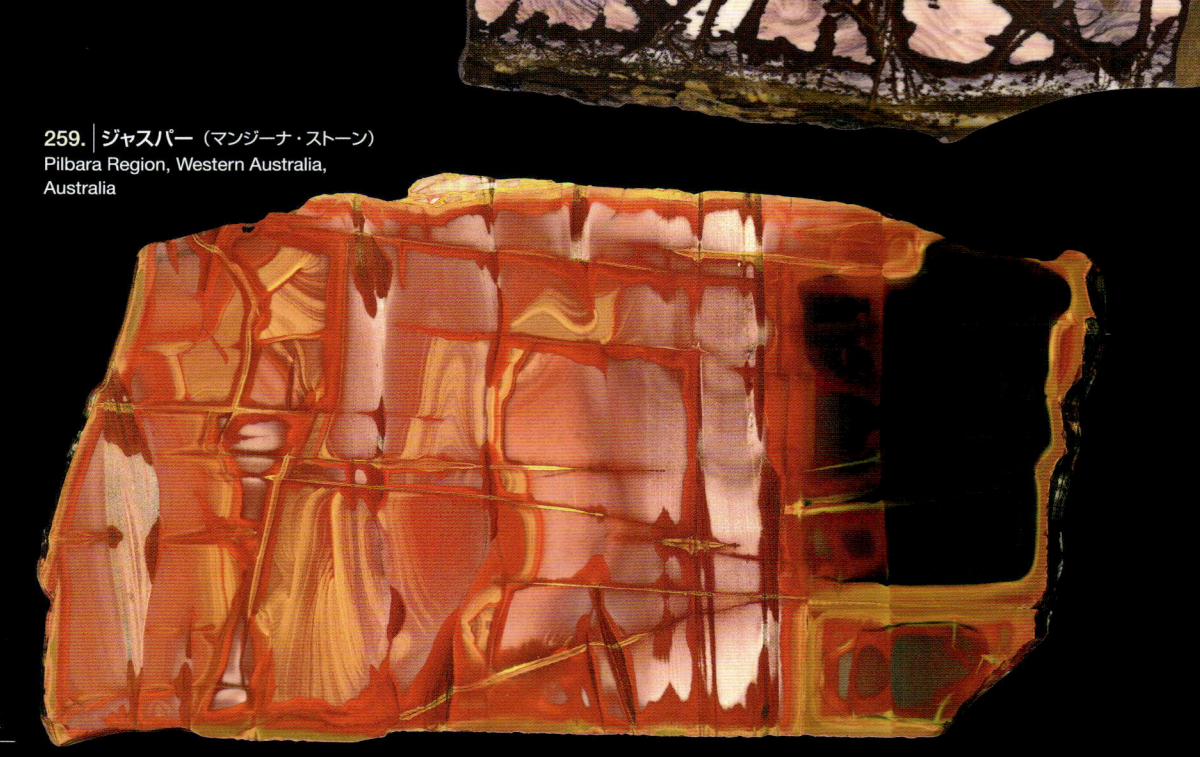

259. ジャスパー（マンジーナ・ストーン）
Pilbara Region, Western Australia,
Australia

260. ジャスパー
（ノリーナ・ジャスパー）
Pilbara Region,
Western Australia, Australia

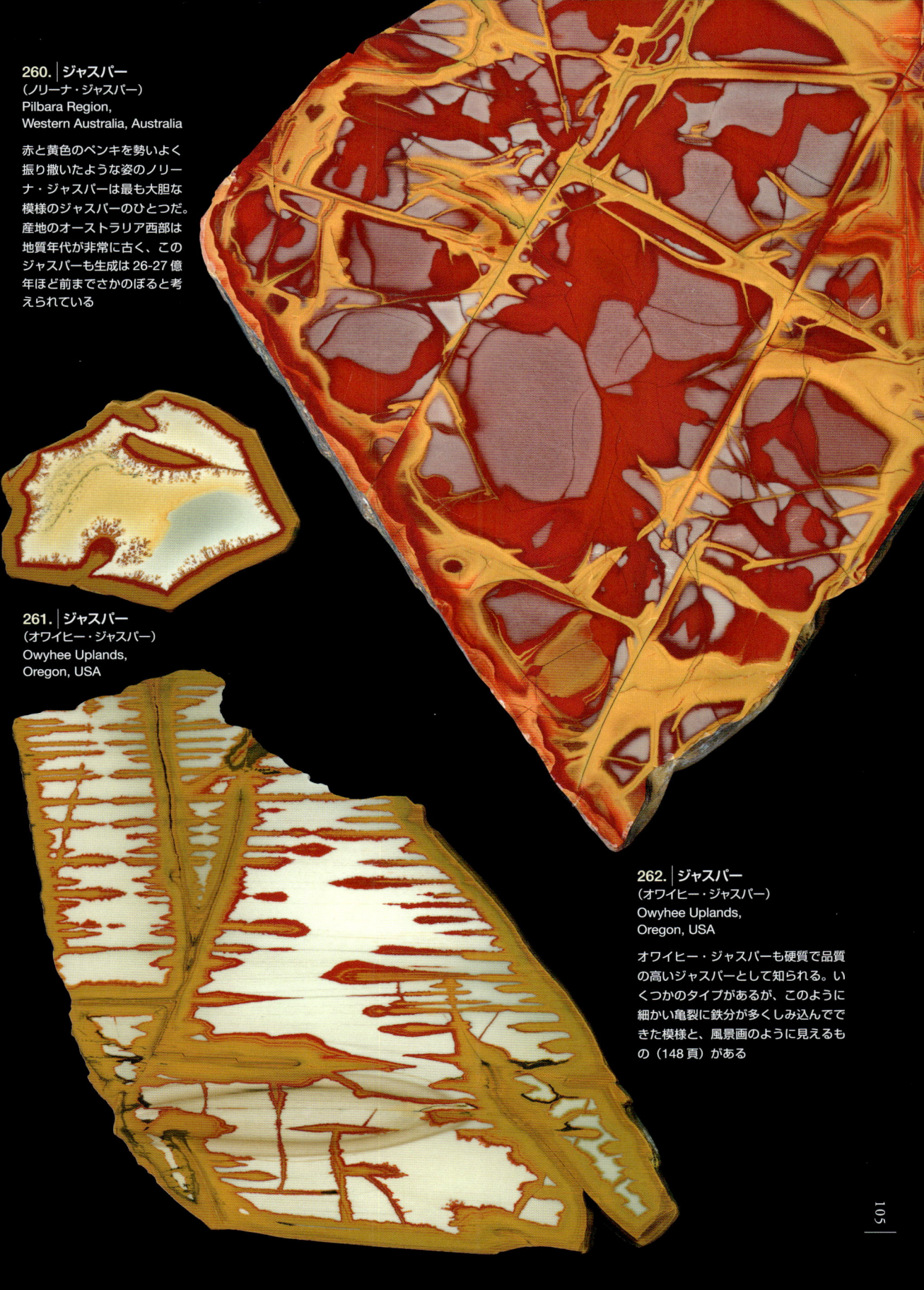

赤と黄色のペンキを勢いよく振り撒いたような姿のノリーナ・ジャスパーは最も大胆な模様のジャスパーのひとつだ。産地のオーストラリア西部は地質年代が非常に古く、このジャスパーも生成は26-27億年ほど前までさかのぼると考えられている

261. ジャスパー
（オワイヒー・ジャスパー）
Owyhee Uplands,
Oregon, USA

262. ジャスパー
（オワイヒー・ジャスパー）
Owyhee Uplands,
Oregon, USA

オワイヒー・ジャスパーも硬質で品質の高いジャスパーとして知られる。いくつかのタイプがあるが、このように細かい亀裂に鉄分が多くしみ込んでできた模様と、風景画のように見えるもの（148頁）がある

105

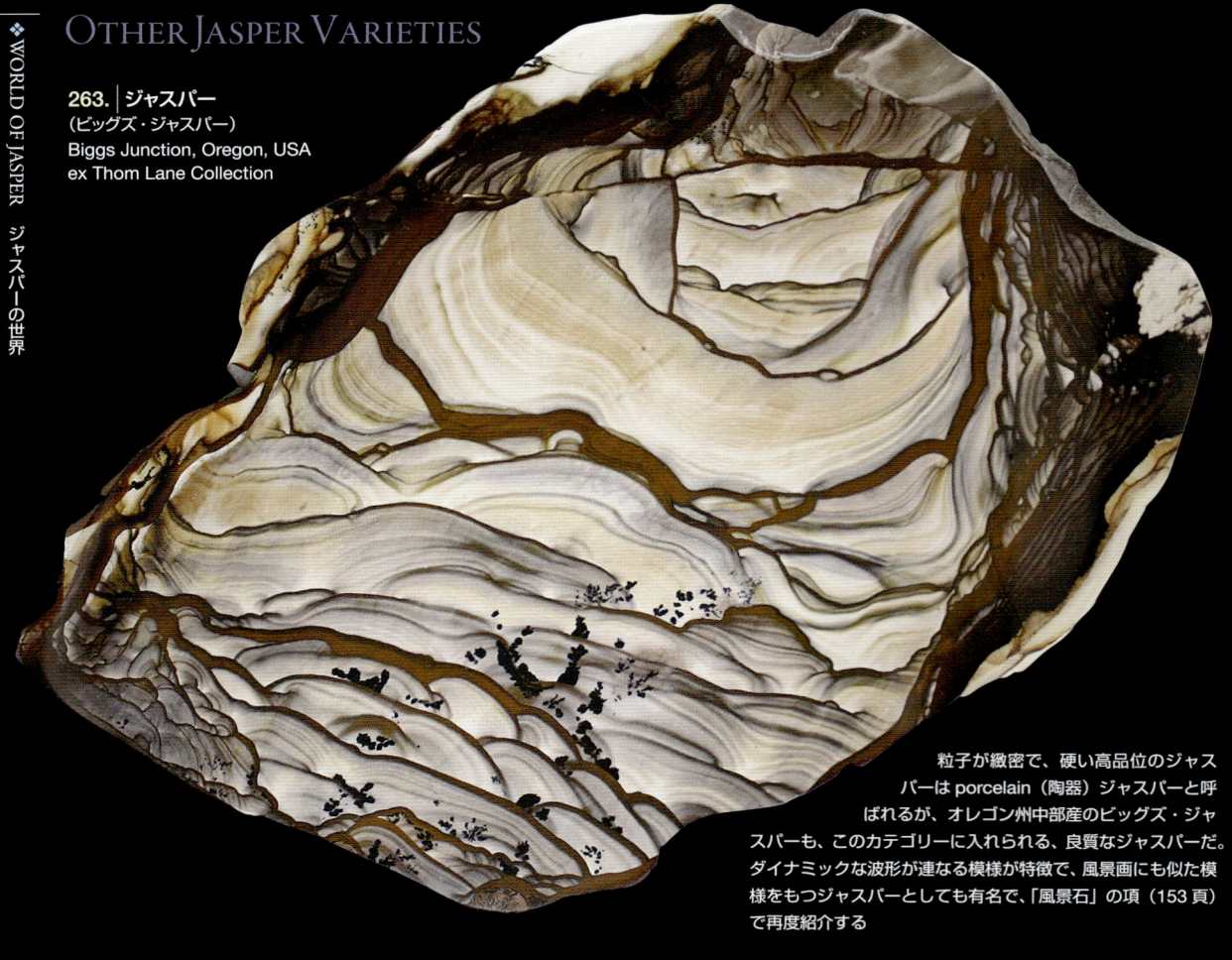

OTHER JASPER VARIETIES

263. ジャスパー
（ビッグズ・ジャスパー）
Biggs Junction, Oregon, USA
ex Thom Lane Collection

粒子が緻密で、硬い高品位のジャスパーは porcelain（陶器）ジャスパーと呼ばれるが、オレゴン州中部産のビッグズ・ジャスパーも、このカテゴリーに入れられる、良質なジャスパーだ。ダイナミックな波形が連なる模様が特徴で、風景画にも似た模様をもつジャスパーとしても有名で、「風景石」の項（153頁）で再度紹介する

264. ジャスパー、玉髄（ヨンガイト）
Hartville, Wyoming, USA

ジャスパーには地殻変動などで細かく砕けたものが、再び玉髄を接着剤にして固化したものが多種ある。brecciated＝砕けたジャスパーと呼ばれるが、ストーン・キャニオン・ジャスパー、タプタプ・ジャスパーはその典型的な例だ。砕けたジャスパーの破片が厚い玉髄にコーティングされて固まっているヨンガイトは、さながらジャスパーの破片に衣をつけた、かき揚げのような姿をしている。強く蛍光する石としても知られている。

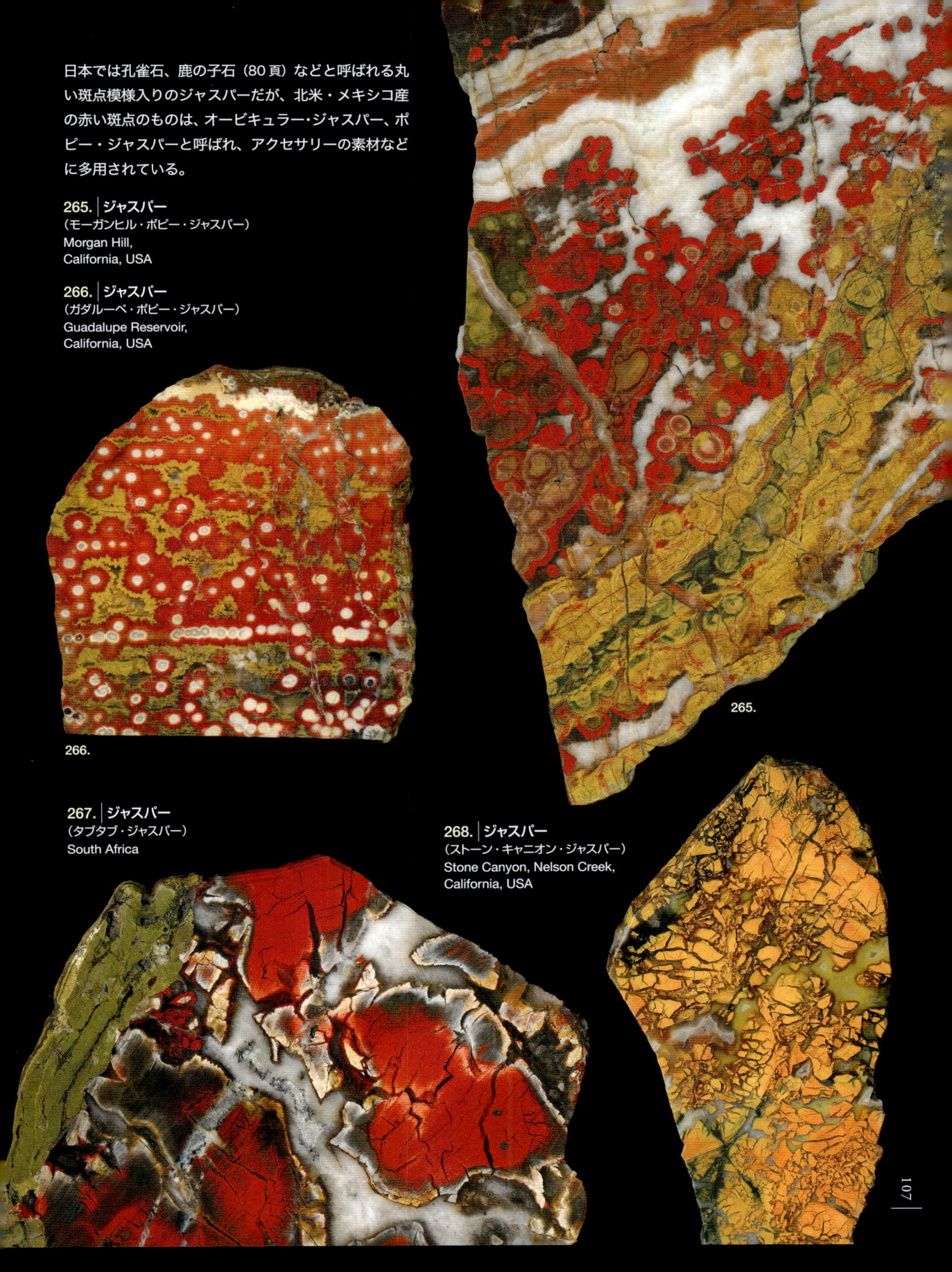

日本では孔雀石、鹿の子石（80頁）などと呼ばれる丸い斑点模様入りのジャスパーだが、北米・メキシコ産の赤い斑点のものは、オービキュラー・ジャスパー、ポピー・ジャスパーと呼ばれ、アクセサリーの素材などに多用されている。

265. ジャスパー
（モーガンヒル・ポピー・ジャスパー）
Morgan Hill,
California, USA

266. ジャスパー
（ガダルーペ・ポピー・ジャスパー）
Guadalupe Reservoir,
California, USA

266.

265.

267. ジャスパー
（タブタブ・ジャスパー）
South Africa

268. ジャスパー
（ストーン・キャニオン・ジャスパー）
Stone Canyon, Nelson Creek,
California, USA

269. ジャスパー
Uruguay River, Argentina

270. ジャスパー（バンブルビー・ジャスパー）
West Java, Indonesia

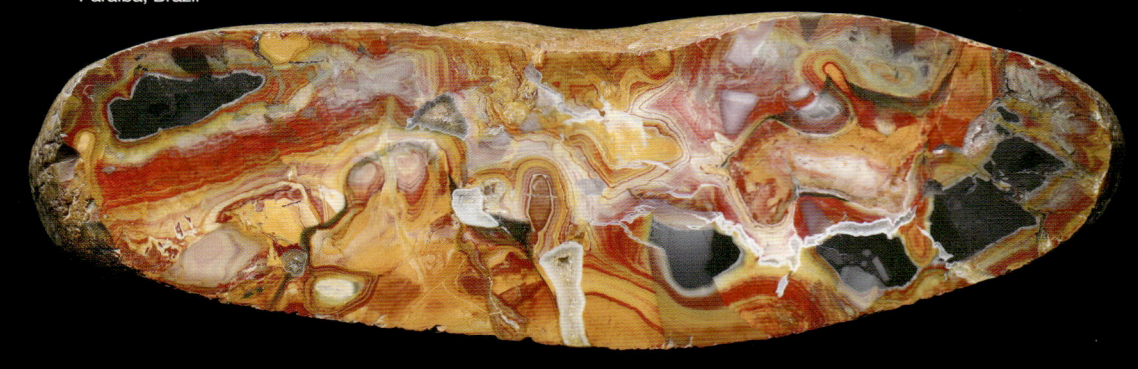

271. ジャスパー（アマゾン・バレー・ジャスパー）
Paraiba, Brazil

Flint
フリント

フリントは石灰岩やチョークの中に団塊状に生成するチャート（6頁）の一種だ。硬く、割ると鋭利な断面ができるため、石器時代には道具として多用され、火打ち石としても使われていた。色はベージュ、グレーなどに限られているが、中には繊細な縞模様の入ったものもある。

272. フリント
Anthony's Lagoon, Northern Territory, Australia

273. フリント
Krzemionki, Tarnobrzeg District, Poland

274. 珪化した苦灰岩
（ポーセラン・ジャスパー）
Sierra Los Mojones, Sonora, Mexico

サイ・ファイ（SF）・ジャスパー、エキゾチカ・ジャスパーなどの別名がある。ひび割れとオーブ状の模様が合わさった、名前通り、クラシックなSF映画の特殊効果を彷彿とさせるような、独特な模様だ

275. 珪化した苦灰岩
（チェリー・クリーク・ジャスパー）
中華人民共和国

276. 石灰岩
（フラワリング・チューブ・オニキス）
Nephi, Utah, USA

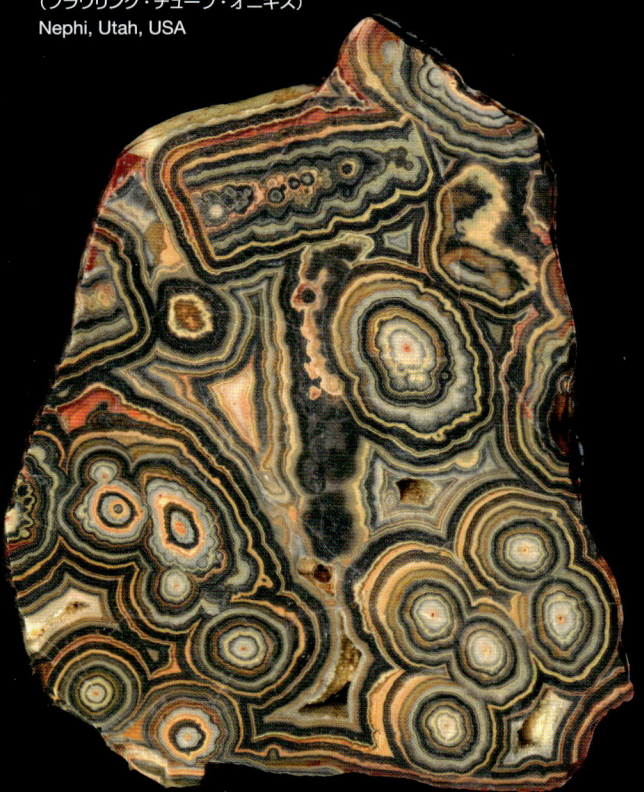

LIMESTONE, DOLOMITE
石灰岩、苦灰岩

方解石、あられ石などの炭酸カルシウムを主成分にする石灰岩などの堆積岩にも、独特な模様をみせるものがある。ユタ州産のフラワリング・チューブ・オニキスは洞窟で鍾乳石状に成長した石灰岩で、花柄、あるいはチューブ状の模様が美しい。苦灰岩（ドロマイト）は石灰岩が変質したものだが、これにシリカが混入し珪化したものの一部はジャスパーとして流通している。模様もジャスパーと同じように様々なタイプのものがある。

277. 珪化した苦灰岩（ソノラ・デンドリティック）
Sonora, Mexico

109

Rhyolite
流紋岩

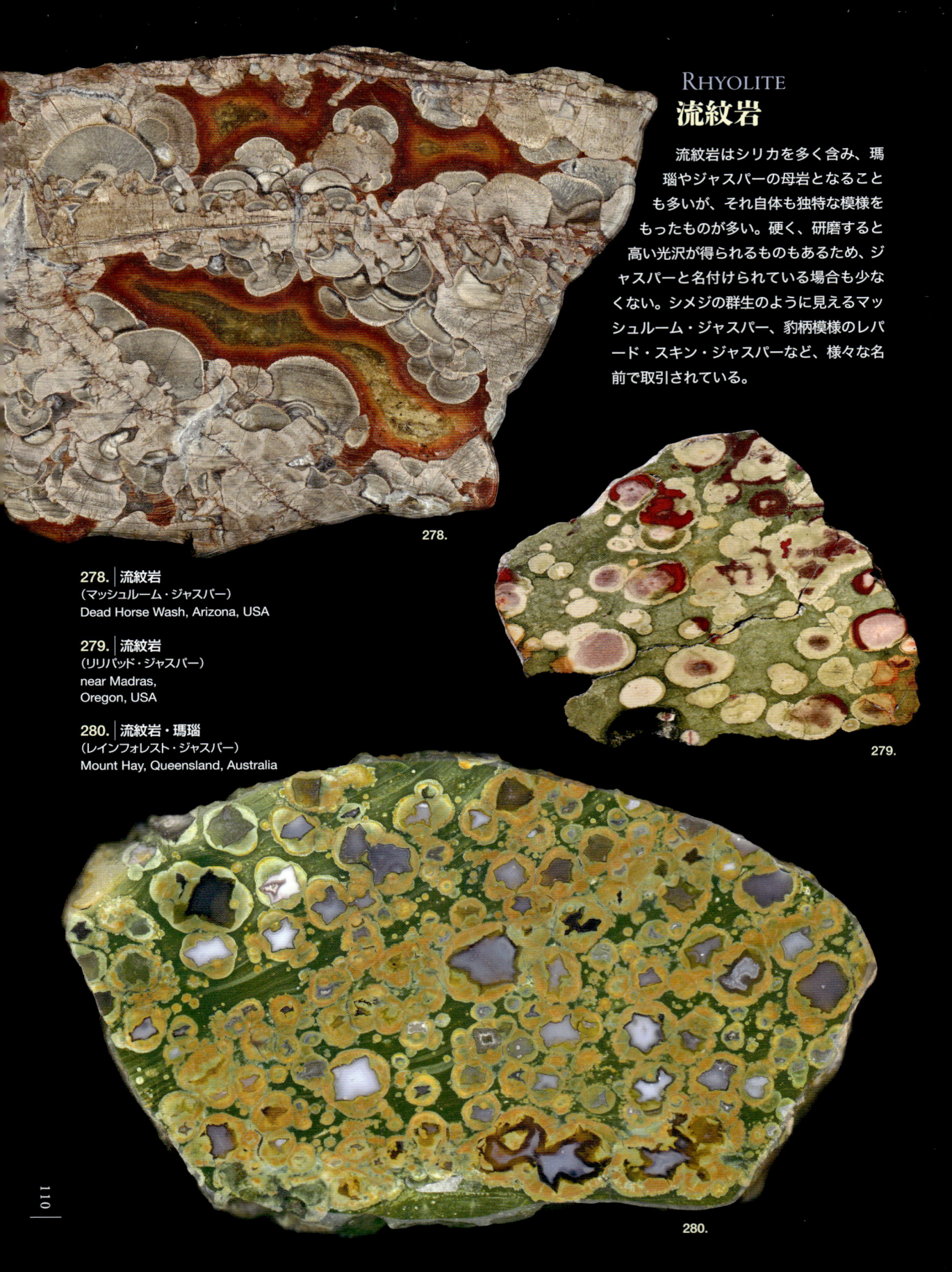

流紋岩はシリカを多く含み、瑪瑙やジャスパーの母岩となることも多いが、それ自体も独特な模様をもったものが多い。硬く、研磨すると高い光沢が得られるものもあるため、ジャスパーと名付けられている場合も少なくない。シメジの群生のように見えるマッシュルーム・ジャスパー、豹柄模様のレパード・スキン・ジャスパーなど、様々な名前で取引されている。

278. 流紋岩
（マッシュルーム・ジャスパー）
Dead Horse Wash, Arizona, USA

279. 流紋岩
（リリパッド・ジャスパー）
near Madras,
Oregon, USA

280. 流紋岩・瑪瑙
（レインフォレスト・ジャスパー）
Mount Hay, Queensland, Australia

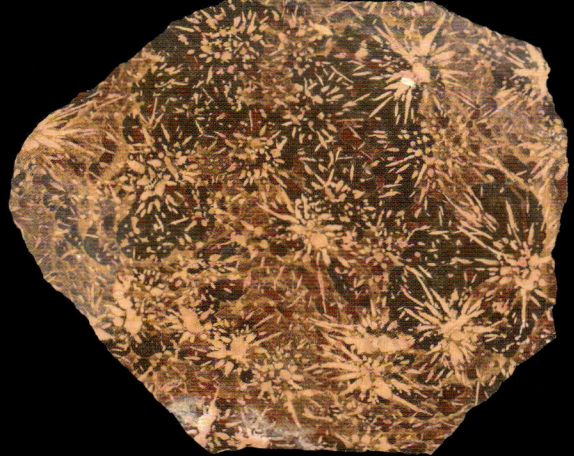

281. 流紋岩
（レパード・スキン・ジャスパー）
Aguascalientes, Mexico

282. 流紋岩
（スター・バースト・ライオライト）
Chihuahua, Mexico

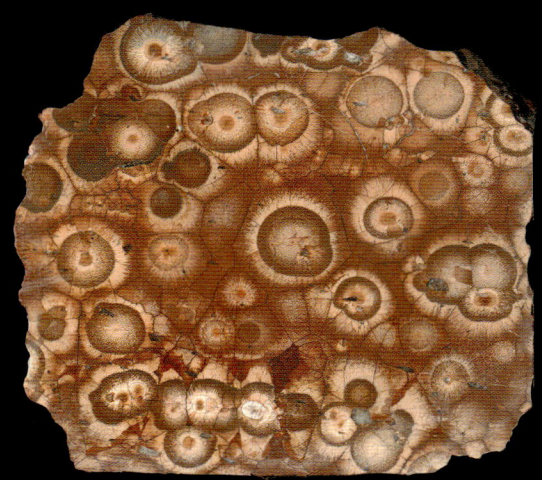

283. 流紋岩（バーズ・アイ・ライオライト）
Arizona, USA

284. 流紋岩
（ワンダー・ストーン）
Grimes Point,
Nevada, USA

赤・黄系の同心円状の模様の入った流紋岩はワンダー・ストーン（びっくり石）と呼ばれることが多い。最も有名なのはユタ州産のものだが、このネヴァダ産のものをはじめ、似たものは世界各地で採れる

文字の石
アラビア文字石、漢字石、楔形文字石

アラビア文字石、または書き文字（スクリプト）石と呼ばれるインド産の石がある。焦げ茶色のベースに黄土色の不定形の細長い形が詰まっている独特な模様の石だ。アラビア文字と言われれば、たしかにそんな風に見えなくもない。これは貝の破片が泥の中に折り重なって沈殿したものが、チャートになったものだ。タージ・マハルの装飾にも使われているという。当時のインドはイスラム文化の強い影響下にあり、アラビア文字も広く普及していた。タージ・マハルはイスラムの霊廟なので具象的な装飾は廃しているが、世界各地から運ばれた貴石で豪華に飾られている。アラビア文字に似た模様をもつ石は、飾るにふさわしい石だったにちがいない。

この他にも、「文字の石」と名付けられたものがある。まず、チャイニーズ・ライティング・ストーン、つまり漢字石だ。これは玄武岩中に紅柱石の結晶が入ったものらしい。漢字にはなかなか見えないが、欧米の人たちは、棒が重なったような形を見るとすぐに漢字を連想するようで、クレージー・レース・アゲートにも「漢字レース」という名の種類がある。もうひとつはグラフィック・グラナイト、つまり「文字の花崗岩」と呼ばれる花崗岩だ。ロシア産のものは、サーモンピンクのベースに透明感のある石英の細かな結晶が散っている。これは古代メソポタミアで粘土板に刻まれた楔形文字、またはヘブライ文字に似ている、とされているがどうだろうか。

「中国」という字に似た雨花石が高値で売買されたという話を別項（38頁）で書いたが、インドの聖音オームを表す文字に似た形のある石などにも、大変な高値がつくことがあるという。

285.　紅柱石、石灰岩
（チャイニーズ・ライティング・ストーン）
Auburn, California, USA

286.　玄武岩（グラフィック・グラナイト）
Enskoye, Kola Peninsula, Russia

同様のタイプのものはマダガスカルや北米メイン州などでも採れる。カットする方向によって、楔形文字、またはヘブライ文字に似ると言われる。写真は楔形文字風かと思う

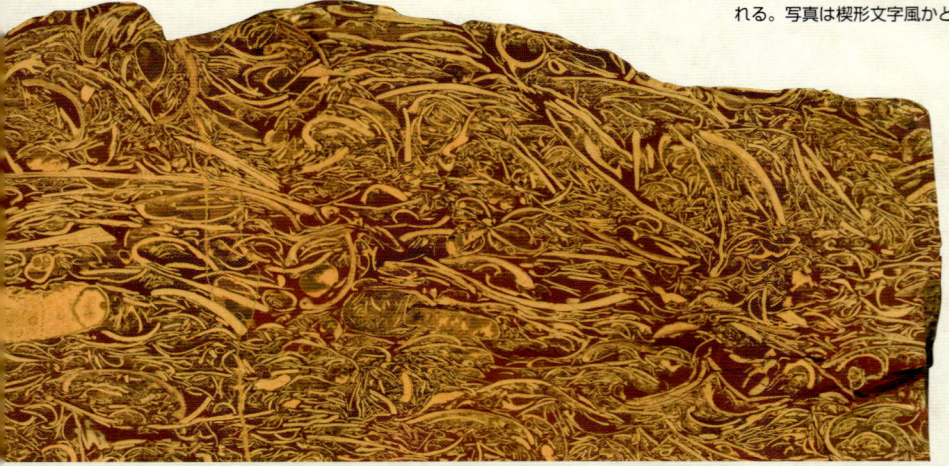

287.　チャート
（アラビック・ライティング・ストーン）
Jodhpur-Jaisalmer area,
Rajashthan state, India

この石は他にもコブラ・ジャスパー、象皮石など、いろいろな名前で売られているが、インドではマリアムと呼ばれている。16世紀のムガール皇帝アクバルの妻マリアム・ッ・ザマーニーにちなんで付けられた名かもしれない

PAINTERLY STONES

石は描く

ユニークで美しい模様をもつ石は、もちろん石英の仲間だけではない。内部の複雑な亀裂に方解石の結晶が成長した「コンクリーション」の玉、セプタリアン・ノジュール、美麗な模様をもつ石として古くから珍重され、様々に加工されてきた孔雀石や菱マンガン鉱、鉄鉱石の細かな亀裂にオパールが入った、オーストラリアのコロイト・オパールなど、際立った個性をもつ石を紹介する。

288. 石灰岩（アルノー・グリーン）
Arno River, Toscana, Italy

ドラゴンの卵か亀の甲羅か──
セプタリアン・ノジュール
Septarian Nodules

海の底に沈んだ海洋生物の死骸などを核に、泥などの堆積物が固まり、球形に成長していくことがある。コンクリーションと呼ばれる現象だ。この球状の団塊の中にひび割れ状に空洞ができ、それを埋めるようにして方解石やあられ石、黄鉄鉱などの鉱物が成長したものを、セプタリアン・ノジュール(セプタリアの団塊)と呼ぶ。ラテン語で隔壁を意味するseptumに由来する名だ。内部にできた方解石などの結晶だけをとり出すと、隔壁で仕切られたような立体構造をしている。泥の玉のような団塊を半分に切ると、中から白、黄色、茶色などの鉱物結晶が描くとげとげした模様が現れるが、石が描く模様としては最も風変わりなものといえるかもしれない。模様がどこか鋭い鉤爪を連想させるため、一部で「ドラゴンの卵」とも呼ばれている。また、表面が削れて、内部の亀裂の形が表面に出てくると亀の甲羅のように見えるために、日本では亀甲石の名で通っている。

巨大なセプタリアン・ノジュールがころごろと転がっているニュージーランドのモエラキの海岸(南島・北オタゴ沿岸部)。先住民であるマオリ族はかつて祖先が島に渡ってきた際、船の浮きに使っていた巨大なヒョウタンの残骸だと考えていた。ここまで大きく成長するのに数百万年かかったとも言われる

289. セプタリアン・ノジュール（亀甲石）
北海道士別市

まさに亀の甲羅そのものといった形で、ウミガメの甲羅
ほどの大きさがある（秩父珍石館所蔵）

290. セプタリアン・ノジュール
near Orderville, Utah, USA

SEPTARIAN NODULES　セプタリアン・ノジュール

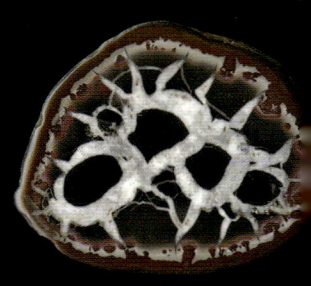

292. セプタリアン・ノジュール（全て）
Jerada, Morocco

291. セプタリアン・ノジュール
Jerada, Morocco

Septarian Nodules

　セプタリアン・ノジュールは産地によって特徴がある。最もよく知られているのは米国ユタ州で採れるもので、灰色の団塊の中に輝く薄黄色の方解石の結晶が詰まっている。ユタ産のものは中に空洞があり、イガグリ状の方解石の結晶が生えているものも多く、まるで陶器とガラスを使った工芸品のようにも見えることから、飾り石としても人気だ。
　この見開き頁のものは全てモロッコ産だが、大きさはドングリ大からソフトボール大くらいまでで、セプタリアとしては比較的小ぶりだ。人の顔のように見えるもの、足のたくさん生えた虫や動物のように見えるもの、まつげの生えた目、あるいは象形文字か原始時代の壁画のように見えるものなど、様々なイメージを見つけることができる。

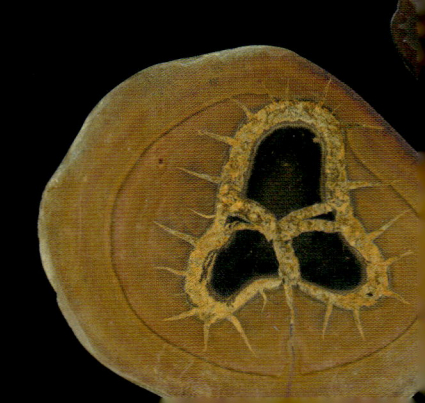

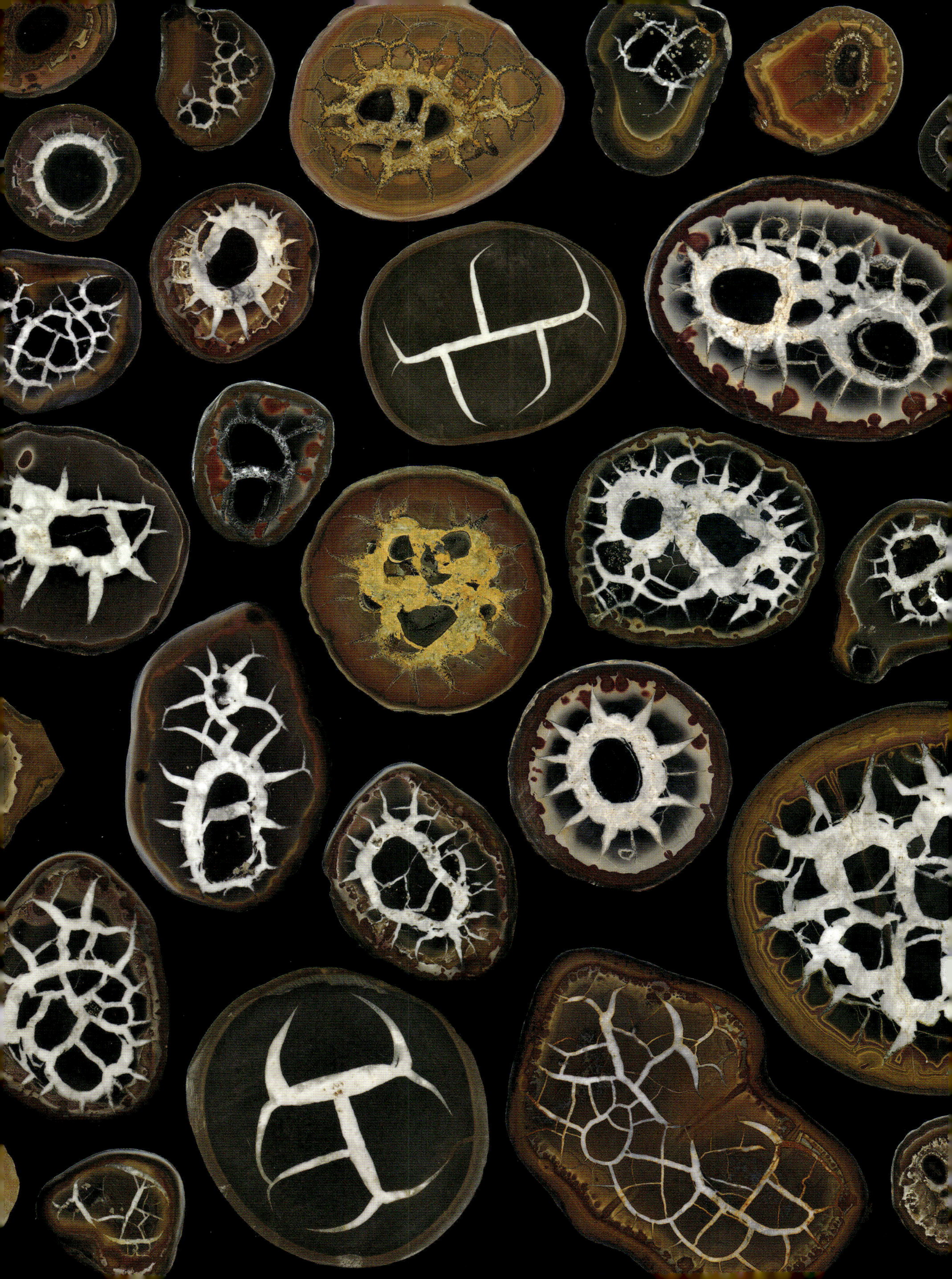

Septarian Nodules

293. セプタリアン・ノジュール
Mahajanga, Madagascar

あられ石の結晶が入ったもの。「ドラゴンの卵」という名は主にマダガスカル産のものに使われているが、この石を見ると納得できるものがある

294. セプタリアン・ノジュール
near Orderville, Kane County, Utah, USA

方解石の晶洞になっている。茶色の縁取りはあられ石

295. セプタリアン・ノジュール
near Orderville, Kane County, Utah, USA

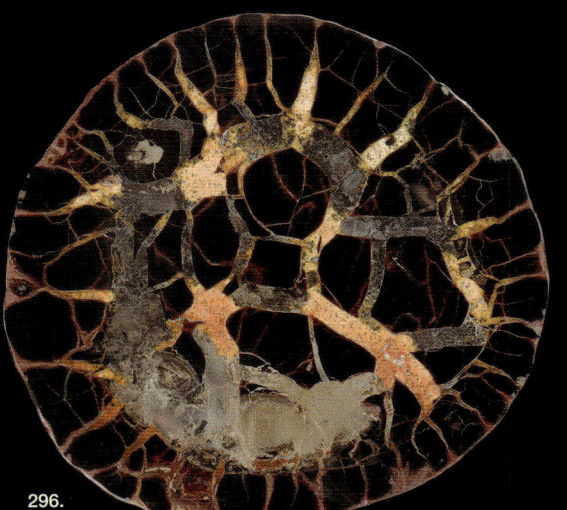

296. セプタリアン・ノジュール
Huanzala Mine, Dos de Mayo Province, Peru
亀裂には方解石と黄鉄鉱が入っているが、団塊そのものも鉄分を多く含んでいるため、非常に重い

297. セプタリアン・ノジュール
Berlin, Germany
亀裂に入っているのは全て黄鉄鉱

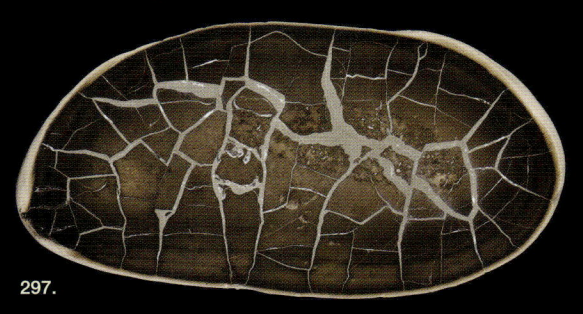

298. | セプタリアン・ノジュール
Czestochowa, Poland

地球の内部でマグマが激しく動いている
かのようなダイナミックな模様

299. | セプタリアン・ノジュール
near Avignon, France

重晶石の細かな結晶が入っている

300. | セプタリアン・ノジュール
Quart Pot Creek, Queensland, Australia

亀裂はあるが、方解石などが入っていない、空っぽのセプタリア

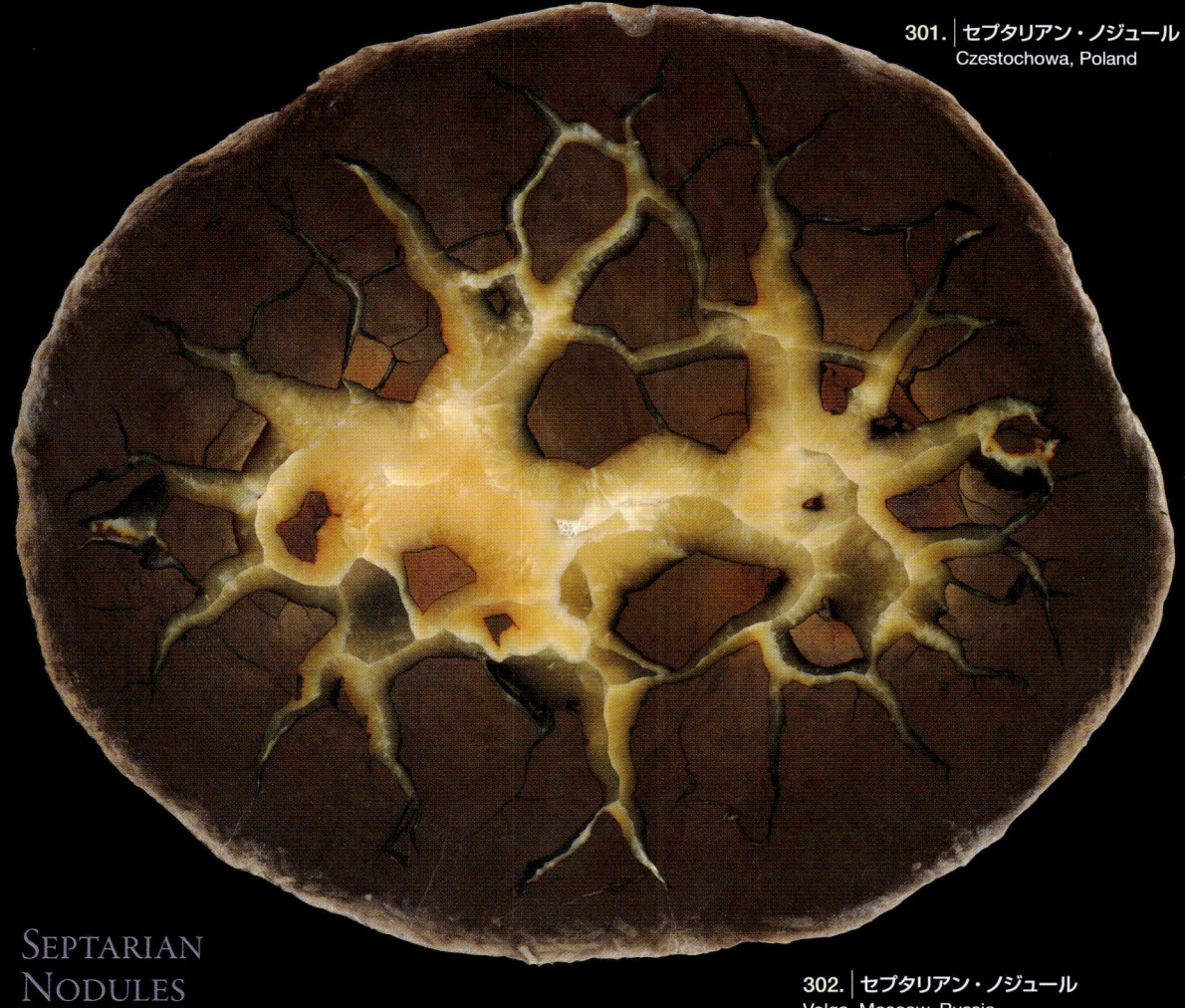

301. | セプタリアン・ノジュール
Czestochowa, Poland

SEPTARIAN NODULES

Septarian Nodules

302. | セプタリアン・ノジュール
Volga, Moscow, Russia

ロシアのヴォルガ川で採れるセプタリアは、虹色に輝く黄鉄鉱の粒子が散っているものが多い。中から団塊を作り出した「核」であるアンモナイトの化石が輝く黄鉄鉱にコーティングされて出てくることがあり、化石収集家の間で人気が高い

302.

303. | アンモナイト（Quenstedticaeris）
Volga, Moscow, Russia

304. 孔雀石（マラカイト）
Katanga Province,
Democratic Republic of the Congo

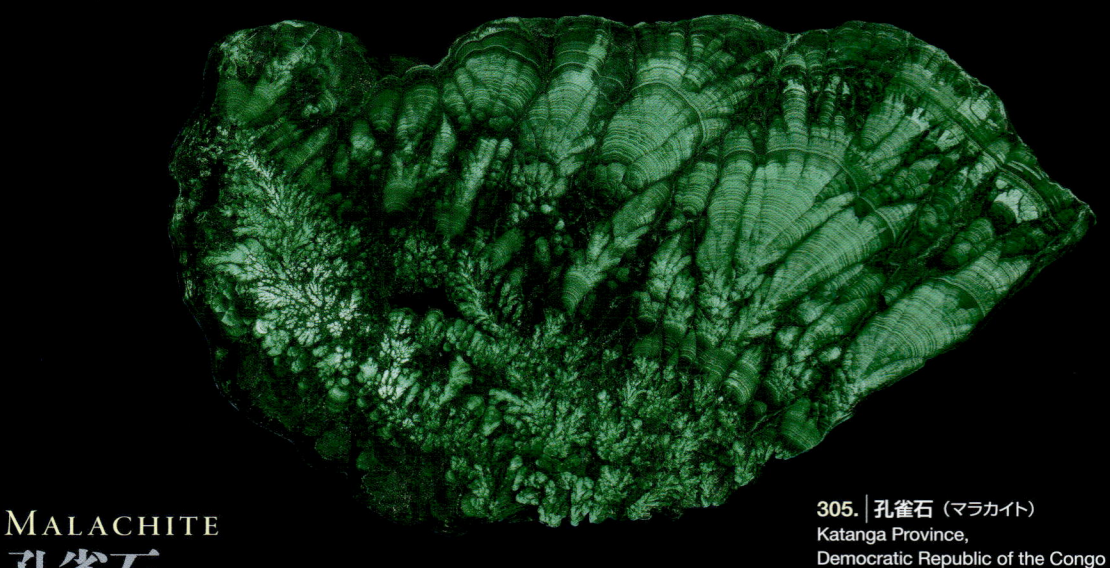

305. 孔雀石（マラカイト）
Katanga Province,
Democratic Republic of the Congo

MALACHITE
孔雀石

　山の女王に導かれ、銅山の奥地で美しい石の花を見る若い孔雀石の石工とその子孫にまつわる数奇な物語、パジョーフの「石の花」は、ロシアのウラル地方の伝説をもとにした小説だ。孔雀石は銅の二次鉱物で、ウラルは美しい縞模様の孔雀石を大量に産したことで知られる。ロマノフ朝のエカテリーナ２世が贅を尽くして作ったエルミタージュ宮殿の「孔雀石の間」には、総量約２トンとも言われる、最上質のウラル産孔雀石を使った内装、調度品がある。

　孔雀石は銅の鉱石が風化してできるもので、多くは波打つ層状に沈殿して形成されている。カットの方向によっては無数の眼状の円形模様が現れることから、これを孔雀の羽の模様になぞらえて、名づけられた。古来から顔料、岩絵の具などに使われ、クレオパトラがアイシャドーとして使っていたことも有名だ。現在はコンゴ民主共和国産のものが多く流通している。層が重なった模様だけでなく、シダの葉状の模様をもつものもある。

306. 孔雀石（マラカイト）
Katanga Province,
Democratic Republic of the Congo

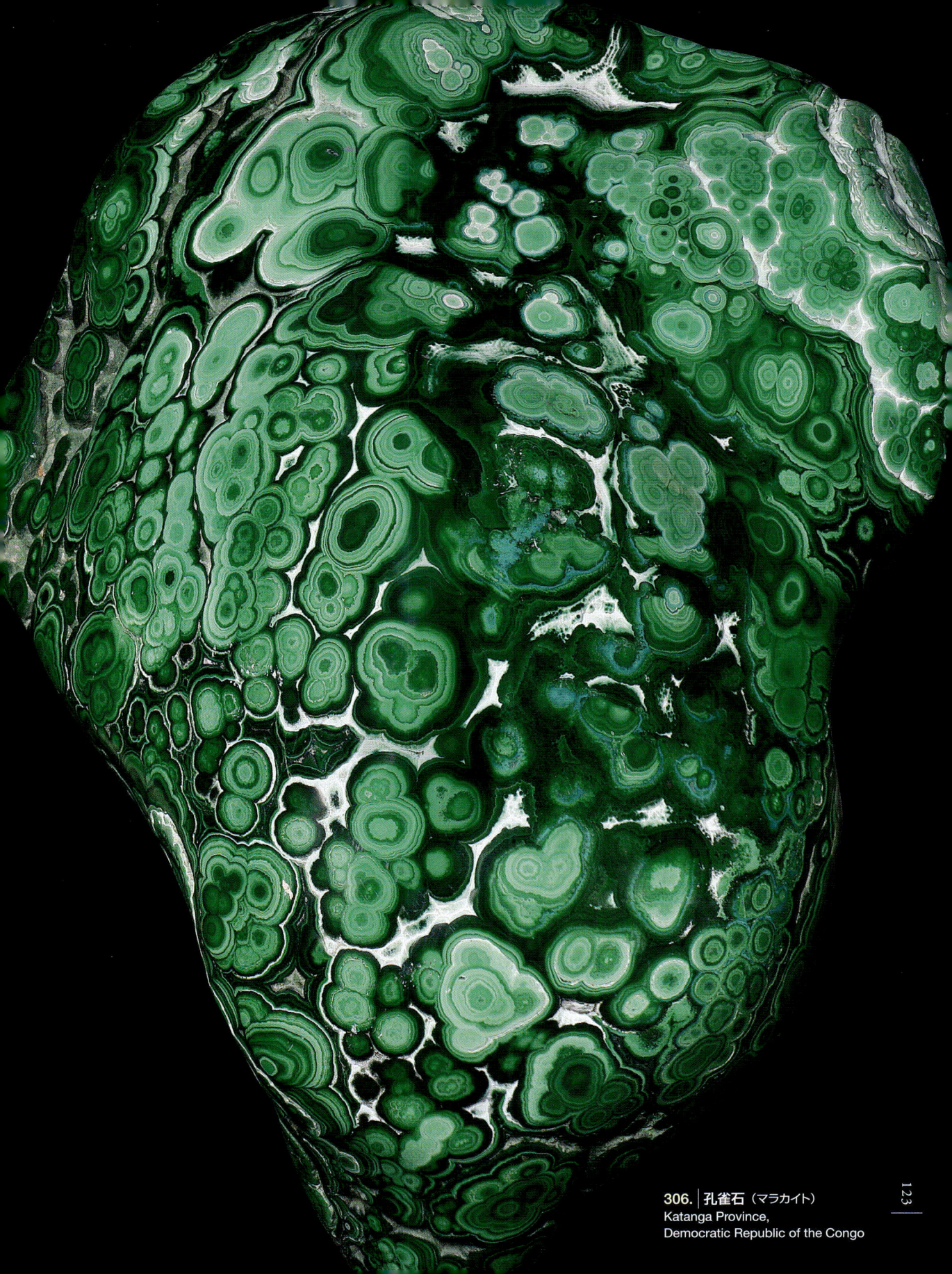

◆ PAINTERLY STONES 石は描く

307. クリソコラ、アズライト、孔雀石
Katanga Province,
Democratic Republic of the Congo

308. アズライト、孔雀石、赤銅鉱
Stepnoe, Altai, Russia

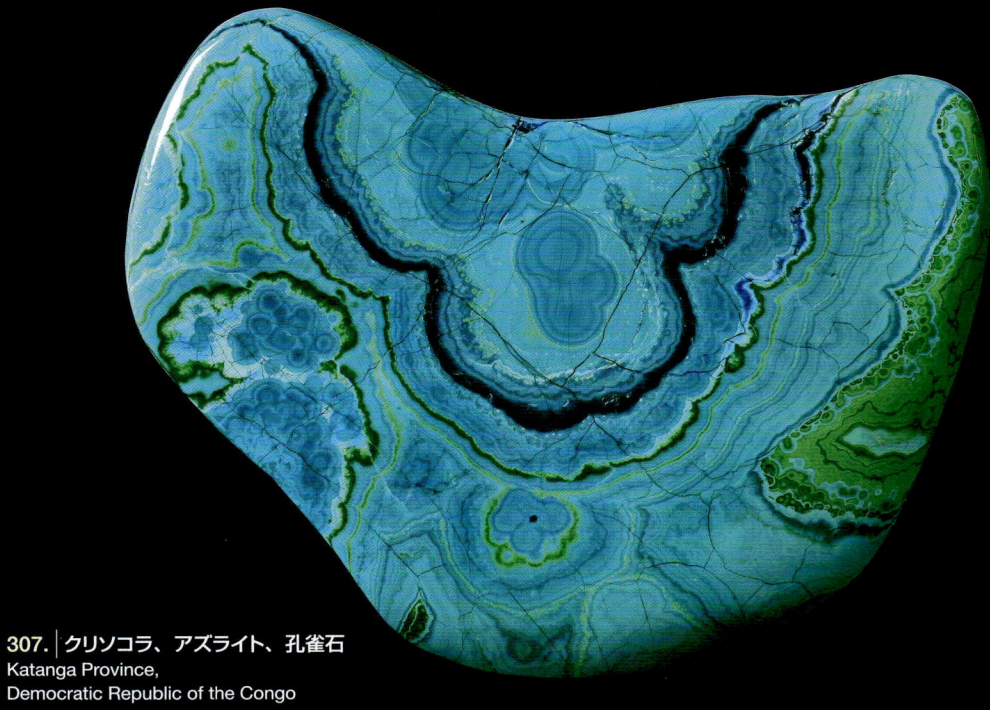

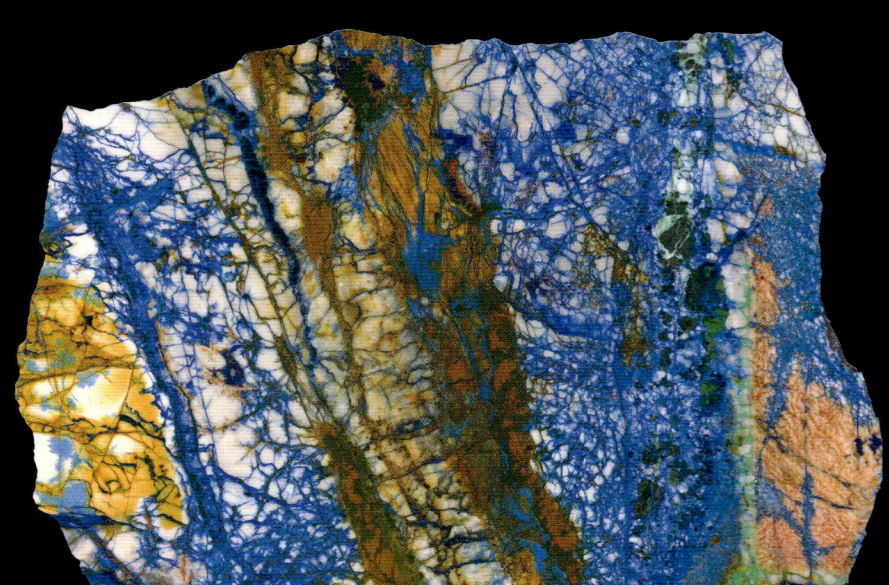

CHRYSOCOLLA, AZURITE
クリソコラ、アズライト

クリソコラは孔雀石と同じく銅鉱石から二次的にできる鉱物で、緑がかった水色をしている。他の鉱物と混じって様々な色・模様をみせるため、加工用の半貴石として広く流通している。シリカを多く含み、全体が石英質で透明感があるものは宝飾用として大変人気が高い。アズライトも銅の二次鉱物で、孔雀石と混合して産することが多い。深い群青色で、粉末は日本画にも岩群青の名で使われてきたが、岩絵の具の中でも飛び抜けて値段が高い。細かく砕くほど白っぽくなり、白群（びゃくぐん）と呼ばれる色になる。No.307のコンゴ産のものは全体が鮮やかなセルリアン・ブルーのクリソコラで、緑色の部分が孔雀石、群青色の部分がアズライトだ。No.308のロシア産のものは石英の中に細い脈状にアズライトと孔雀石が走っているもので、赤味のある部分は赤銅鉱だ。

CHAROITE
チャロアイト

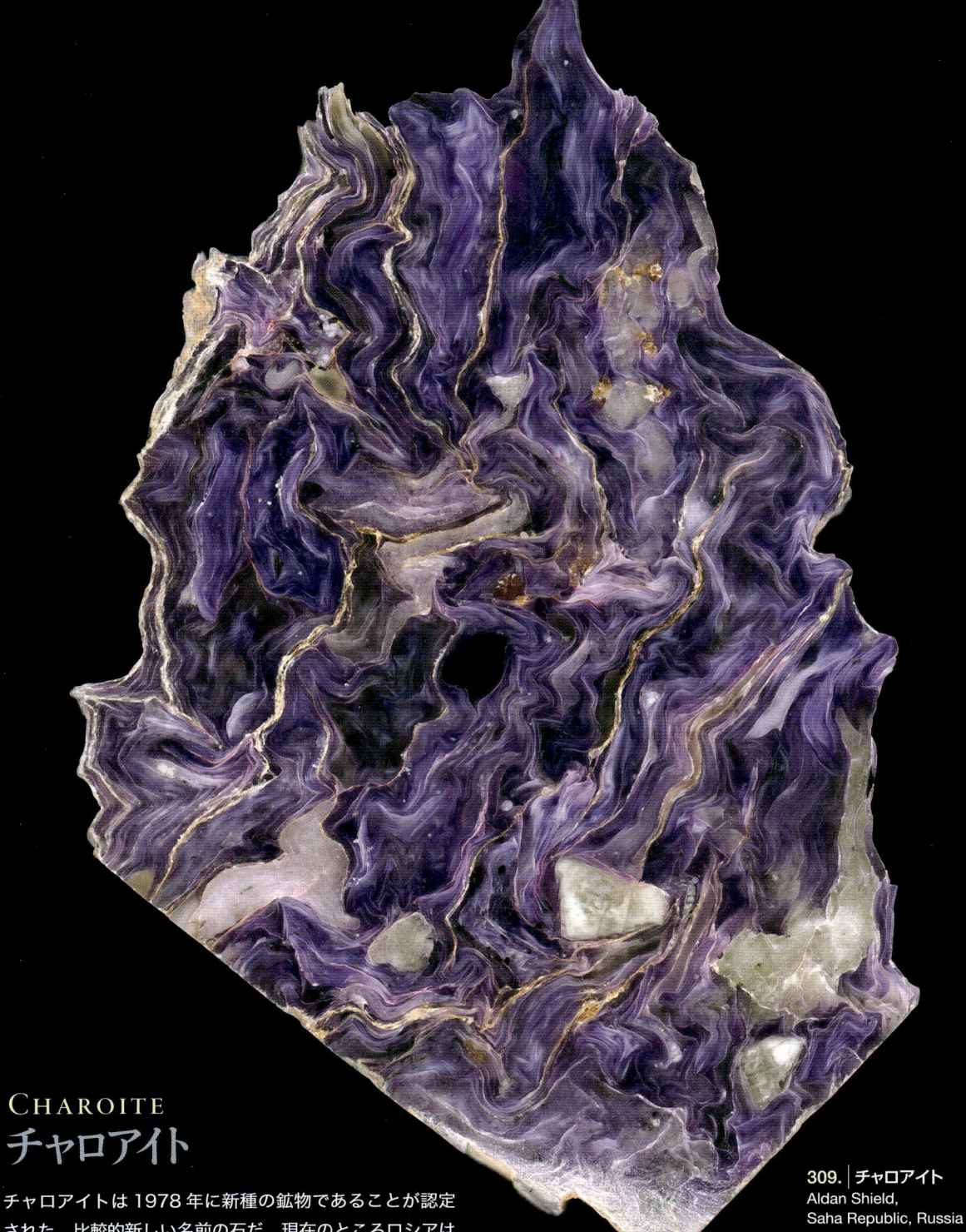

チャロアイトは1978年に新種の鉱物であることが認定された、比較的新しい名前の石だ。現在のところロシアはシベリアのサハ共和国のアルダンだけで産する。エカテリーナ2世がこの石を知っていたら、孔雀石と同じように、「チャロアイトの間」を作らせたに違いない、と言う人もいるほど、現在ロシア産の貴石として人気が高い。ラベンダー色から深い紫色の繊維質の鉱物が、真珠のような光沢を放ちつつ波うっている、大変美しい石だ。名前は近郊を流れるChara川にちなんだものと言われる。研磨すると非常に高い光沢が得られるため、宝飾や飾り物用に大量に採掘されている。

309. チャロアイト
Aldan Shield,
Saha Republic, Russia

KOROIT OPAL
コロイト・オパール

310. オパール、赤鉄鉱石
Koroit opal field
Queensland, Australia

オパールは瑪瑙やジャスパーと同じく、シリカを主成分とする鉱物なので、本来はそちらに分類すべきなのだが、オーストラリアはクイーンズランド州のボルダー・オパール、特にコロイト・オパールは特別だ。シリカを含む赤鉄鉱石の、丸いナゲット状の団塊の中に縦横無尽に走る亀裂や空洞に色鮮やかにきらめくオパールが充填されていて、これが母岩の赤鉄鉱の独特な流紋と一体となって、ひとつの美しい石ができ上がっている。楕円形の断面の中に現れる世界は、螺鈿の名工が巧緻の限りを尽くしても及ばないであろう、緻密にして華麗な造形だ。

311. ラリマー
Los Chupaderos, Dominique

Larimar
ラリマー

ラリマーはペクトライト＝ソーダ珪灰石という本来無色の鉱物が青みを帯びているもので、カリブ海の島国、ドミニカ共和国で産する貴石だ。1970年代半ばに鉱脈が発見され、市場に持ち込まれると、大きな反響を呼んだ。色は薄いブルーから深みのある青緑で、トルコ石などに比べて、独特な透明感があり、また、わずかだが、キャッツアイのようなシャトヤンシー（平行に並んだ繊維状・針状のインクルージョンのある鉱物に光をあてると、内部で反射光が集まり、表面に光の筋が動いて見える効果）がある。ラリマーという名は発見者のノーマン・ライリングが娘の名であるラリッサと海を意味するスペイン語のマーを合わせて作った名と言われている。写真は大きな原石の塊だが、その名のとおり、まるでカリブの白い砂浜にできたラグーンに陽光が差し込んでいるかのような印象がある。

312. ティファニー・ストーン（オパール化した蛍石）
Spor Mountain, Utah, USA

TIFFANY STONE
ティファニー・ストーン

ティファニー・ストーンは「オパール化した蛍石」として紹介されることが多いが、蛍石、苦灰石、石英、ベリリウム、方解石、マンガンなど、様々な鉱物が混合したものが、オパール化したものだ。紫色を基調として、黄土色、赤茶色など様々な色合いを含んでいることが多い。大きな特徴は黒いマンガンが作るひび割れ模様で、これがステンドグラスを使ったティファニー・ランプに似ているというので、この名が付けられた。こうした姿のものが採れるのは、ユタ州にあるブラシュ・ウェルマン社のベリリウム鉱山に限られている。

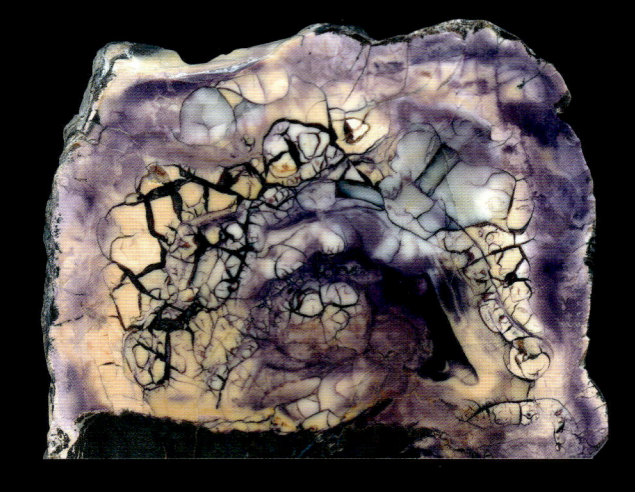

313. ティファニー・ストーン（オパール化した蛍石）
Spor Mountain, Utah, USA

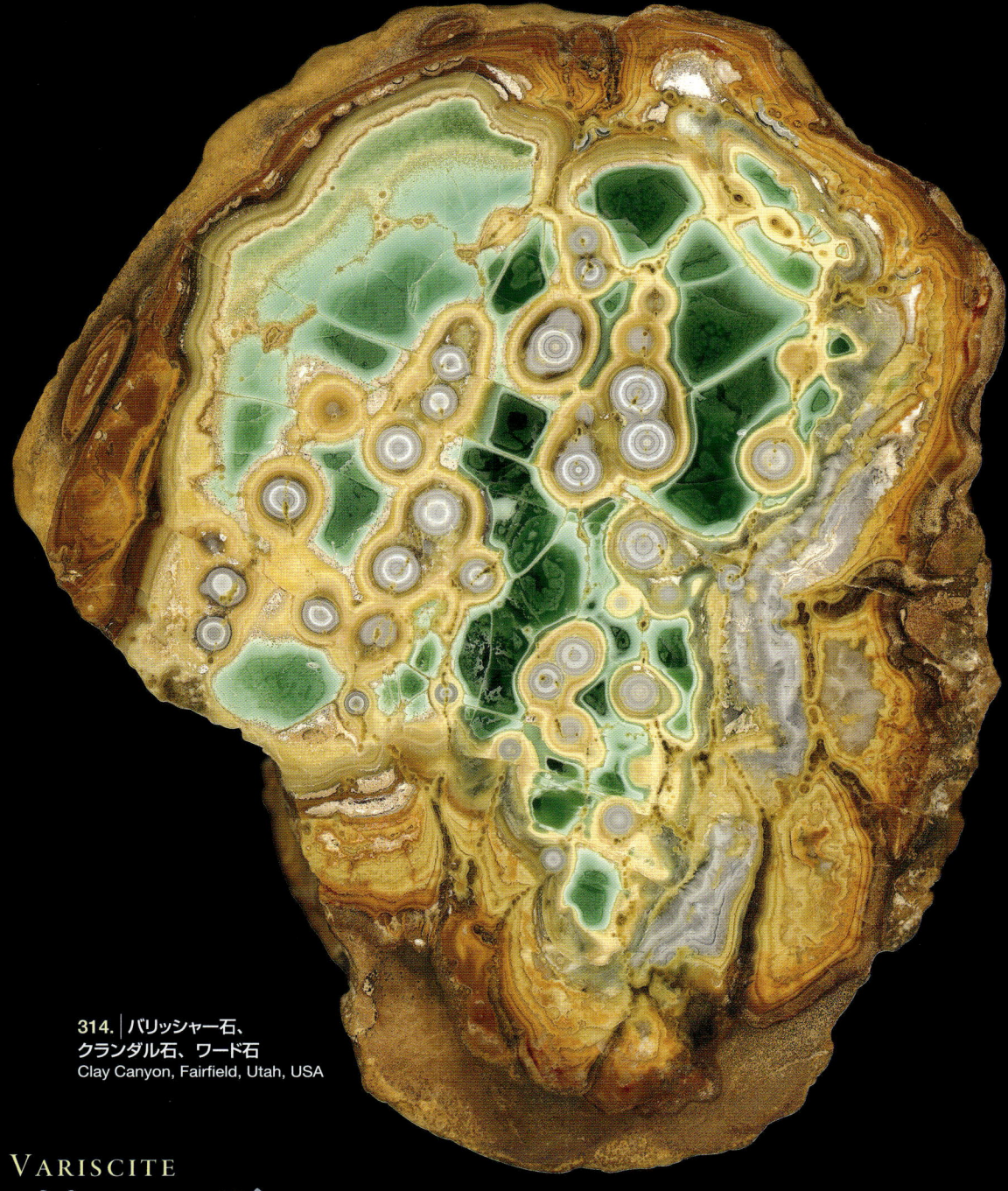

314. バリッシャー石、
クランダル石、ワード石
Clay Canyon, Fairfield, Utah, USA

Variscite
バリッシャー石

米国ユタ州ではアルミニウムと燐酸を主成分とする、青緑色の美しいバリッシャー石が多く採れる。透明感があるため、宝飾などにも使われるが、クレイ・キャニオンで産するものはとてもユニークな姿をしている。鮮やかな緑色のバリッシャー石が、黄土色のクランダル石という鉱物に覆われ、灰色のワード石が混入した複雑な構造の団塊として産する。ワード石はしばしば同心の縞模様の入った球状の構造をもって内部に散っていて、カットすると、断面はまるで臓器の内部のような独特な姿を見せる。最も個性的な模様の石のひとつといえるだろう。似た形のものは他に例がなく、また、この産地は採掘が禁止されて長いため、古い標本の希少価値が高まっている。

PAINTERLY STONES 石は描く

315. セラフィナイト
（クリノクロア）
Korshunovskoye, Irkutsk, Transbaikalia, Russia

Seraphinite
セラフィナイト

セラフィナイトはクリノクロア＝斜緑泥岩の一種で、シベリア東部、バイカル湖周辺で採れるものに付けられた宝石名だ。深緑色のベースに銀色の細かなメタリックな繊維がシャトヤンシー（127頁）をもって光る石で、これが美しい鳥の羽のように見えることから、旧約聖書に登場する熾天使＝セラフの名を冠して取引されている。中心から放射状に繊維が伸びている球状の構造が集まっているものがあり、それをカットすると写真のような姿になる。

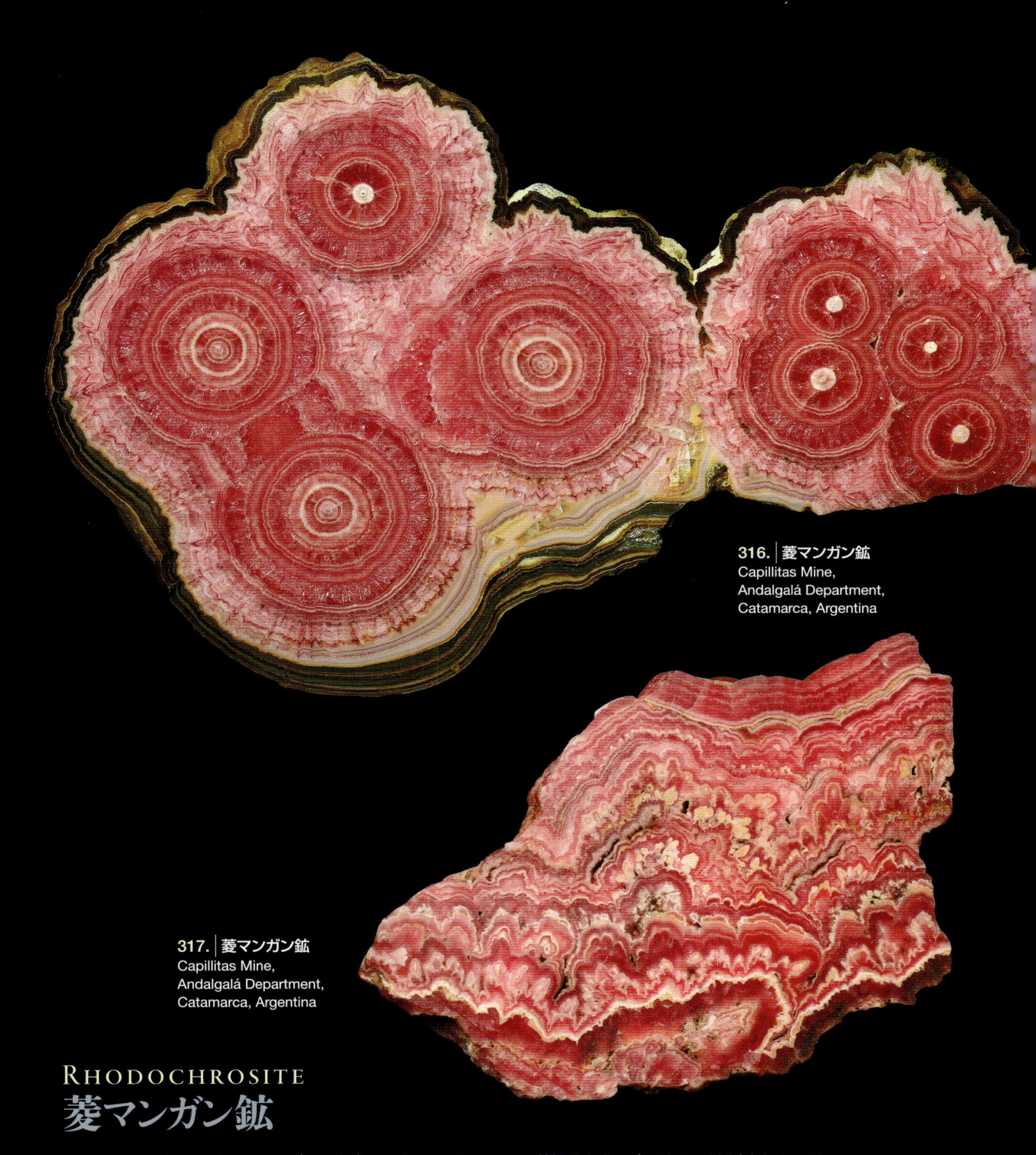

316. 菱マンガン鉱
Capillitas Mine,
Andalgalá Department,
Catamarca, Argentina

317. 菱マンガン鉱
Capillitas Mine,
Andalgalá Department,
Catamarca, Argentina

RHODOCHROSITE
菱マンガン鉱

　この石は、日本ではインカローズという名でおなじみだ。アルゼンチンのアンデス山麓にある、インカ帝国時代の銀鉱山跡で大量に発見されたことから付けられた名だ。かつては産地のある北海道の土産物屋でアクセサリーがたくさん売られていた。透明感のあるピンク色〜赤色の美しい鉱物で、深紅色で透明度の高い大きな結晶はルビーのような外観をもち、宝石として取引されている。

　模様石として面白いのは、細かな結晶が放射状に集まり、層状、細長い鍾乳石状、石筍状になったもので、切ると繊細な縞模様が現れる。日本でも青森県尾太鉱山、北海道稲倉石鉱山などで良質なものを産した。写真は鍾乳石状に生成したものの横断面と層状に生成したものの縦断面だ。

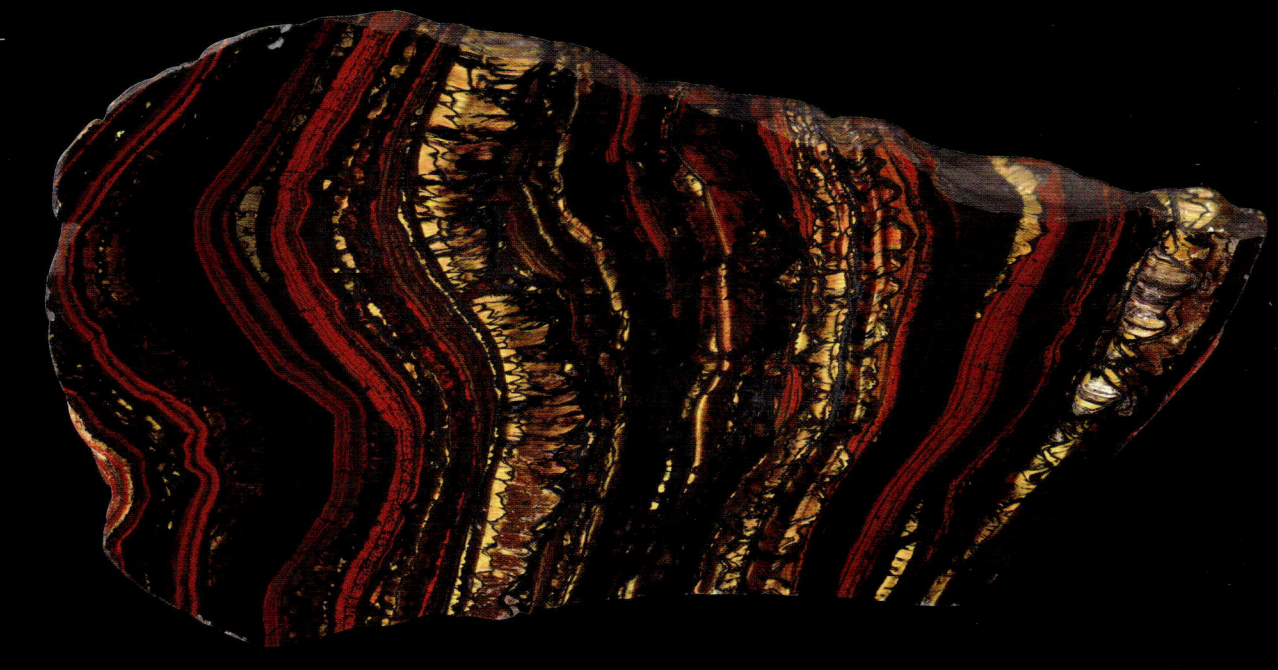

318. タイガーアイアン
Pilbara Region,
Western Australia, Australia

319. タイガーズアイ
Pilbara Region,
Western Australia, Australia

TIGER'S EYE, TIGER IRON, PIETERSITE
タイガーズアイ、タイガーアイアン、ピーターサイト

　タイガーズアイ＝虎目石はアクセサリーや服のボタンなど、広い用途に使われてきた貴石だ。繊維質で、絹のような独特な反射効果＝シャトヤンシーを見せることで知られている。これは青石綿、つまりアスベストにシリカが染み込んで、全体が石英化し、さらに鉄分が酸化して黄色に変化したものだ。青石綿の青味を保っているものはホークアイ（鷹の目）と呼ばれる。

　このタイガーズアイが、ジャスパー、赤鉄鉱、磁鉄鉱と層状に重なったものがタイガーアイアンと呼ばれる石だ。オーストラリア西部のマラマンバで採れるものは重厚な色味と変化に富んだ曲線にタイガーズアイの放つ光彩が加わって、独特な美しさがある。

　ピーターサイトは1962年にナミビアで、シド・ピーターズによって発見された。ホークアイとタイガーズアイが地殻変動で折れ曲がり、砕けてばらばらになったものが、再び石英で固まったもので、繊維が一定の方向に揃っているタイガーズアイと違って、モザイク状になった繊維の断片が色彩豊かに複雑な光彩を放つ。パレットナイフで描いた油彩のような重厚な趣のある石だ。その後、中国でも同種の石が発見され、流通している。

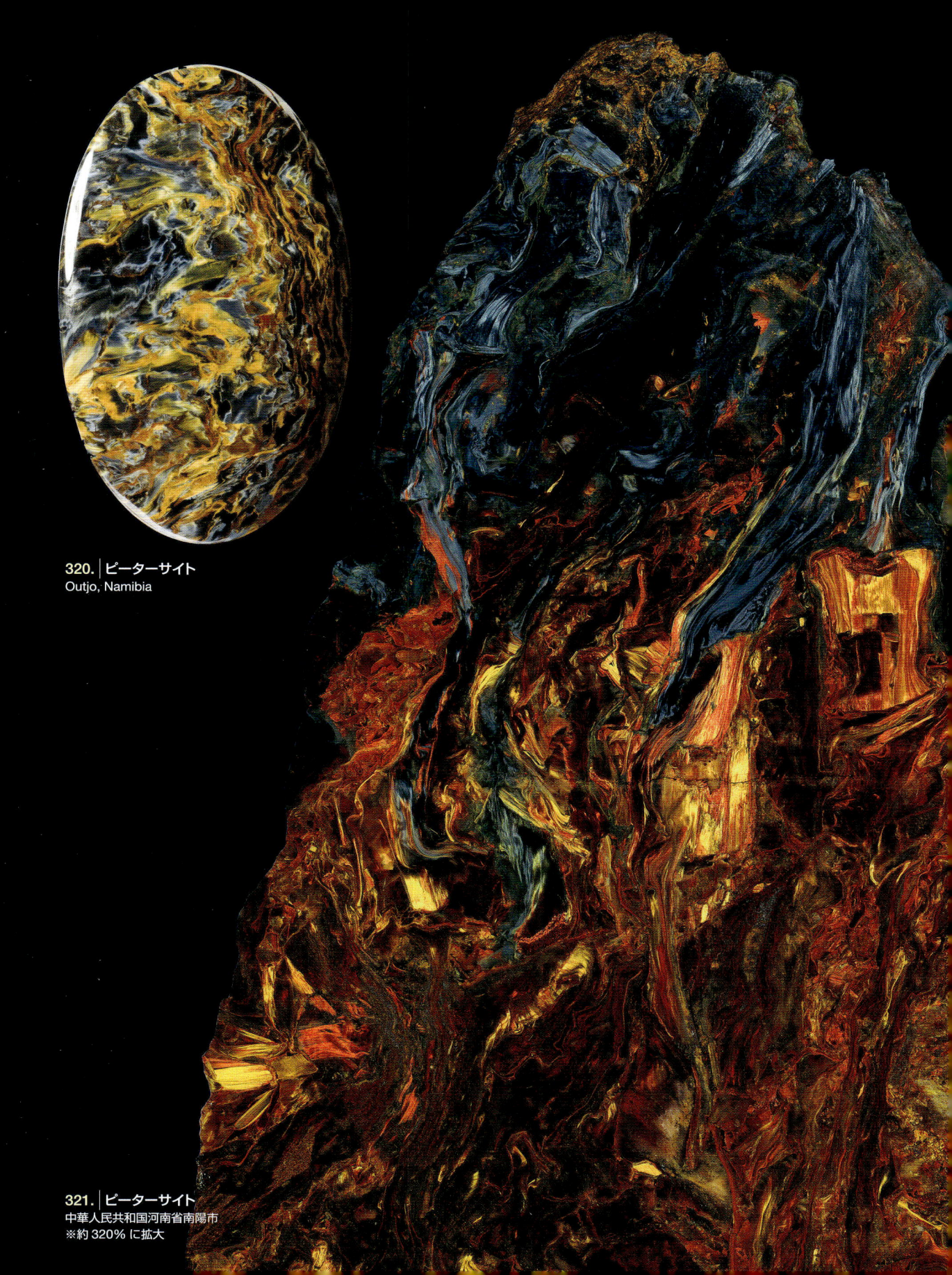

320. ピーターサイト
Outjo, Namibia

321. ピーターサイト
中華人民共和国河南省南陽市
※約 320% に拡大

322. ラブラドライト（曹灰長石）
Maniry Commune, Southwestern Region, Madagascar

Labradorite
ラブラドライト

　ラブラドライトは、色鮮やかな閃光を放つ、遊色効果のある石として知られている。カナダのラブラドル半島で最初に発見されたため、この名が付けられたが、虹色の反射光を放つものが多いので、スペクトロライトとも呼ばれる。浮遊感のあるオパールの遊色などと比べると、ラブラドライトの光には華やかながらも、どこかずっしりとした金属質の重さがある。

　写真の標本に美しい反射光が得られるのは、ごく限られた角度で光を当てたときだけだ。濃緑色の暗い空間の奥に、一瞬、星雲の輝きが現れる。

323. シャーレンブレンド
Olkusz, Malopolskie, Poland

324. シャーレンブレンド
Olkusz, Malopolskie, Poland

Schalenblende
シャーレンブレンド

シャーレンブレンドは白鉄鉱（グレーの部分）、方鉛鉱（濃い鉛色の部分）、閃亜鉛鉱（クリーム色、茶色の部分）が褶曲の多い層状に重なった石だ。層を垂直にカットすると（下）、波形、またはリボン状の模様が現れ、水平にカットすると（上）、同心円状の渦模様が現れる。これが巻貝の模様に似ているので、ドイツ語の「貝の鉱石」を意味するこの名が付けられたという。かつてドイツのアーヘン周辺で亜鉛鉱として大量に採掘されたが、現在新たに流通しているのはポーランド産のものだ。断面を研磨すると白鉄鉱の部分が鏡面状になり、とても美しい。

325. 鉄隕石（ギベオン隕石）
near Gibeon, Great Namaqualand, Namibia

326. 鉄隕石（キャニオン・ディアブロ隕石）
Canyon Diablo, Navajo County, Arizona, USA

IRON METEORITE
鉄隕石

　様々な石の模様を紹介する本章の最後は、宇宙から飛来した鉄とニッケルの合金だ。地球は原始太陽の周辺に浮遊していたチリや石が集まってできた星で、核は鉄とニッケルからできていると考えられているが、それらは元をたどれば鉄隕石ということになる。鉄隕石は成分上は地球に存在する金属と変わりないが、地球上の金属には全くみられないのが、内部にできたウィドマンシュテッテン構造と呼ばれる独特な結晶構造だ。これは無重力、そして極度の低温という宇宙空間でのみ可能になった形で、現在のところ人工的に作ることはできない。

　ギベオン隕石はこの独特な構造をもつ鉄隕石としては最も有名なもので、約4億5千万年前、現在のナミビアに数千の破片となって広範囲に落下したものだ。

　キャニオン・ディアブロ隕石は、約5万年前に飛来し、アリゾナに直径1.2-1.5km、深さ約170mの巨大なバリンジャー・クレーターを作った隕石の破片だ。こちらはやや粗い構造になっている。カット面に浮き上がったこれらの模様は、薬品処理によって、際立たせてある。

LANDSCAPE STONES

風景石の世界

「風景石」と呼ばれる石がある。風景画のように見える模様をもった石の総称だ。石の中で丘が連なり、高い山がそびえ、木々が茂り、青空に雲が浮いている。なかには風に波立つ海原の上を鳥が舞うような、誰かが石を貼り合わせて作ったのではないかと見紛うようなものもある。王侯貴族などがこうした石を大きな関心をもって蒐集し、学者が模様の成り立ちについて真剣に論じていた時代があった。

327. 瑪瑙
Rio Grande do Sul, Brazil
※約550%に拡大（透過光）

MYSTERY OF LANDSCAPE STONES
風景石の謎

　模様が風景のように見える石を珍重するという文化の歴史の深さ、厚みにかんして、おそらく中国にかなうところはないだろう。現在、鑑賞石の分野でsuiseki（水石）という言葉は欧米でbonsai（盆栽）と同じくらいポピュラーな日本語になりつつあり、中国の鑑賞石の業者も欧米人向けにこの言葉を使っているが、そもそも水石、盆石など、石の形、肌合い、たたずまいに山水景を見るという日本の鑑賞石の文化は中国から来たものだ。

　中国では石の外形だけでなく、模様を様々なものに見立てて楽しむことも盛んだ。雨花石なども、流麗な縞瑪瑙が全体を覆っているものよりも、モスの入った絵画的なものの方が好まれている感がある。

　水墨画を生み、育んだ文化は、石の表面に浮かぶわずかな陰影に、一本の波打つ線に、深い竹林や山の稜線を見る——水墨による山水画の普及が「水墨画のような模様の石」を見つける目を育てたのかもしれないが——いずれにしても、中国で売られている鑑賞石の少なからぬ割合が、山水画的な風景の石であり、名品には画題と選定した者の落款まで押されていることがある。画題と落款があると、ちょっとした模様が名画に見えてくるというのは、中国文化の影響下にある国特有の反応かもしれない。

　中国で風景石への熱意がどれほど高くても、そのほとんどは愉しみ、嗜好の域を出るものではない。だが、ヨーロッパでは、風景石が自然のしくみ、世界のなりたちの根幹にかかわる問題として、様々な議論の対象になった時代がある。

　イタリアはトスカーナ州、北アペニン山麓で産する石灰岩には、幾何学的な独特の模様をもったものが多い。中でも風景、または砂漠のなかにうち捨てられた都市の廃墟のように見えるものが、Pietra Paesina＝パエジナ・ストーン（風景の石）と呼ばれて珍重されてきた。現在も廃墟大理石、フィレンツェ石などとも呼ばれて売買の対象になっているが、ルネサンス期からバロック時代にはイタリアにとどまらず、ヨーロッパ各地で流行といっていいほど、高い関心を集めた。フィレンツェのメディチ家にはパエジナを集めた部屋があったといわれ、ハプスブルク家のルドルフ２世など、16-17世紀のヨーロッパ各地の王侯貴族の間で流行した、世界各地の珍奇なものを蒐集した部屋「驚異の部屋（好奇心の部屋）」には欠かせないものだった。

　パエジナ・ストーンがそれほど大きな関心を集めたのは、単に模様が風景画のように見えることを愉しむというより、なぜそのような模様が石に現れているのか、単なる偶然なのか、はたまた何かしらの必然性をもって現れたものなのか、様々な議論があったからだ。

　化石が何であるかわかっていなかった時代、山の上で見つかる魚や貝などの化石と、人の顔、あるいはキリス

328. 石灰岩
中華人民共和国広西族自治区
落款と画題の入った石。これらが入ることで、ひとつの絵として完成されている

329. 蛇紋岩
中華人民共和国遼寧省

330. 石灰岩（パエジナ・ストーン）　Florence, Toscana, Italy

トの磔刑図のように見える模様のある石、風景画のような、あるいは都市の姿のような模様のある石などは、同じ俎上で論じられる大問題だった。

　アリストテレスは石などの無機物も外見的に本物とほとんど同じ動物や植物の形を作り出すことができると論じたが、この考え方は長く支持されていた。風景石は神が何らかの意図をもって作ったものであり、天地創造の下絵、あるいは旧約聖書が記すソドムとゴモラの崩壊の場面、大洪水で滅びる前の世界が写し込まれたものではないかと考えた者もいれば、物質を「石化」する力をもった霊気が、石に周囲の景観を転写したのではないかという説も大きな支持を得ていた。

　また、石に多大な関心を寄せた錬金術の思想には、極小は極大と本質的に通じるという基本理念があるが、パエジナの模様には、広大な地形を生み出しているものと同じ天体からの力が働いていると考えられていた。エジプトやインドで良質な「像のある石」が採れるのは、この地域に及ぶ惑星の力が強いからだと、13世紀の学者アルベルトゥス・マグヌスは論じている。

　17世紀のイエズス会士であり、博学とたくましい想像力で世界の成り立ちを論じたアタナシウス・キルヒャーにとっても、「絵のある石」は大きなテーマだった。動植物、人物、宗教的な図像など、像の種類ごとに分類して論じているが、「塔のある町並みの図像のある石」として、パエジナ・ストーンについても書いている。彼によれば絵のある石は、単なる偶然の産物、ある種の気体が土に埋もれた生き物や遺物または周囲の環境を石化したもの、似かよった形を引き寄せる磁気によるもの、神と天使によってなされたもの、の四つに分類できるとしている。実際、古生物の化石に関しては、石化論は正しかったわけだが、石化に要する力と時間は彼が考えていたよりもはるかに大きく長かった。

　17世紀は石の模様の上に絵を描くことが流行し、瑪瑙、雪花石膏、そしてパエジナの上に人物などを描き込んだ作品が多数残されている。パエジナの模様にみられる、峨々たる山景やいにしえの都市の姿は、旧約聖書のエピソードや神話的題材の背景として最適だった。また、四角くトリミングしたパエジナを家具に多数埋め込んだものが奢侈品として貴族・王族の間で流行する。アウグスブルクの商人で美術品のコレクターだったフィリップ・ハインホッファーは珍しい石や貝などを多数埋め込んだ、「驚異の部屋」の家具版ともいえる「好奇心のキャビネット」を作成していたが、スウェーデン王グスタフ2世アドルフが彼から購入したキャビネットには、

旧約聖書の物語の場面を描きこんだパエジナ・ストーンが多数埋め込まれていた。

　リシュリューやマザランといったフランスの宰相もパエジナ・ストーンを愛好したというが、リシュリューの司書であり、東洋学者であったジャック・ガファレルは瑪瑙などの石の模様に、人の顔や動植物の形、自然の景観などが見てとれるものには、天の精霊の力によって生まれたものがあるとし、これを「ガマエ」と呼んだ。それらの石には病を治すなど、特別な力があると記している。

　18世紀に入り、啓蒙の時代ともなると、学問の世界においてパエジナ・ストーンがもっていた威光は失われていく。化石はかつて地球上に実在した古生物の痕跡であるという理解が広まり、化石と町並みや宗教的図像らしきものが見える石などが同列に論じられることはほとんどなくなった。

（右）グスタフ2世アドルフのキャビネット。全体が絵の描かれた貴石や象眼細工、貝や珊瑚などに覆われている。最上部の横長の棚の内部、扉裏にパエジナが埋め込まれており、石の模様を背景に聖書の場面が描かれている。その下にはハープシコードの鍵盤がついている。写真中央部の開きには瑪瑙やジャスパーのディスクに絵が書き込まれたものが埋め込まれている。実用的なキャビネットではなく、小さな博物館、当時としては宇宙のミニチュアのようなものだった（Uppsala University Art Collections）
（下）キャビネットの基壇部についていた折りたたみテーブル。パエジナと石を貼り合わせたモザイク画で飾られている（Uppsala University Art Collections）

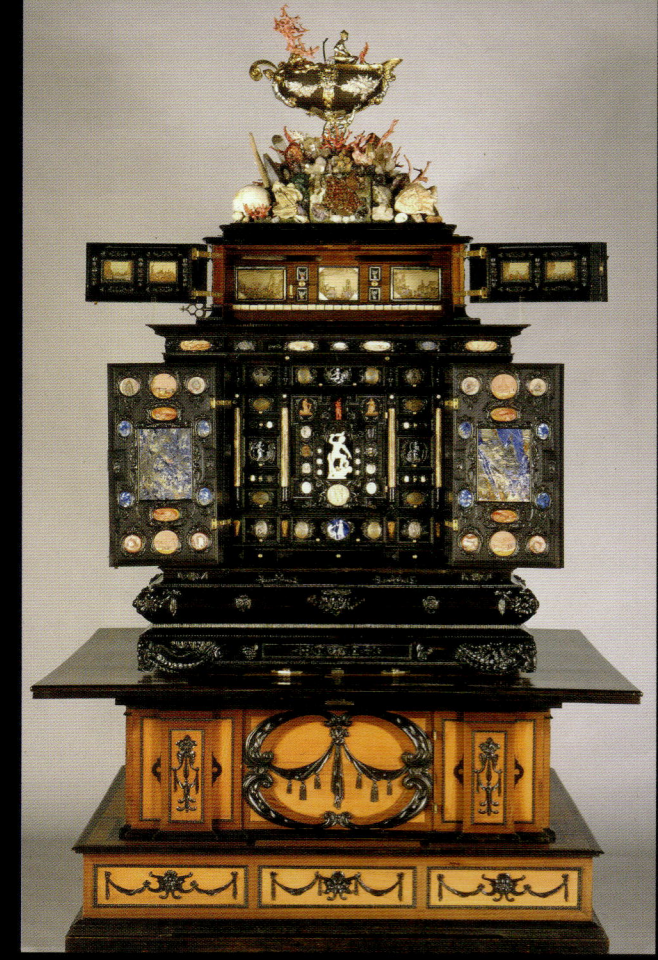

神秘に包まれていた「驚異の部屋」は近代的な博物館になり、分類し、系統づけることを旨とした百科全書的世界観において、小さな石にみられる模様と広大な地形、ましてや瑪瑙の模様と生物や歴史上の人物などを結ぶ筋道は失われてしかるべきものだった。

だが、この石に対する関心が完全に失われたかといえばそうではない。それは石の模様が何に似ているかという視覚的な戯れではあるが、こうした類似は常に人の心をとらえて放さない。人の精神に栄養を与えているのは想像力であり、物事の理解は類推の連鎖によって支えられているという点で、この石は学問的議論の場からは離れたが、力を失ってはいなかった。

パエジナ・ストーンなどの絵のある石は、夢想、視覚的戯れこそを重視したシュルレアリスム運動の中で再び脚光を浴びる。アンドレ・ブルトンは石の模様が喚起するイメージについて熱心に語り、マックス・エルンストは石の模様に着想を得て、独特なフロッタージュの技法を開花させた。彼が描く「石化した森」の連作は、ある種のパエジナの模様に非常によく似ている。

風景石の模様と現実の風景の相似については、さらなる考察の展開もある。70年代半ばに脚光を浴びたフラクタル理論において、パエジナの中に木を描いた二酸化マンガンの樹状構造と実際の樹木、あるいは凍てついたガラス窓に枝葉状に伸びた霜の模様、または山間を縫う河川を上空からとらえた姿、さらに毛細血管や微細な神経の構造にいたるまで、きわめて単純かつ普遍的で、極大から極小まで共通した反復性をもつ、共通の数式にモデル化できるものとして論じられるようになった。樹状構造だけではない。しばしばキノコ状、アメーバ状などと呼ばれる、一見無秩序に見える曲線構造の連なりもまた、限りなく反復可能な運動モデルとしてとらえられるようになる。

また、最近は、風景石の模様とその石を産した山地の形状の類似に着目し、どちらの形成にも電磁気的なエネルギーの作用が深く関わっているという説を唱える地球学者もいる。極小は極大と本質的に通じるという錬金術的世界観、また、石には動植物と同じような造形を生む力があるとしたアリストテレスの言葉が不思議な説得力をもって生き返ったかのような感がある。

マックス・エルンスト「森」、1927-28（左）と、とてもよく似た模様をもつパエジナ・ストーン（下）

331. 石灰岩（パエジナ・ストーン）
Florence, Toscana, Italy

❖ LANDSCAPE STONES　風景石の世界

Paesina Stone
パエジナ・ストーン

パエジナ・ストーンには都市の廃墟のように見えるものと岩山が連なる
風景画のように見えるものがある。この見開きの二点は都市の廃墟にも、
アリゾナのモニュメントバレーの景色のようにも見える。

PAESINA STONE　パエジナ・ストーン

332. 石灰岩
（パエジナ・ストーン）
Florence, Toscana, Italy

333. 石灰岩
（パエジナ・ストーン）
Florence, Toscana, Italy

LANDSCAPE STONES　風景石の世界

PAESINA STONE

334. 石灰岩
(パエジナ・ストーン)
Florence, Toscana, Italy

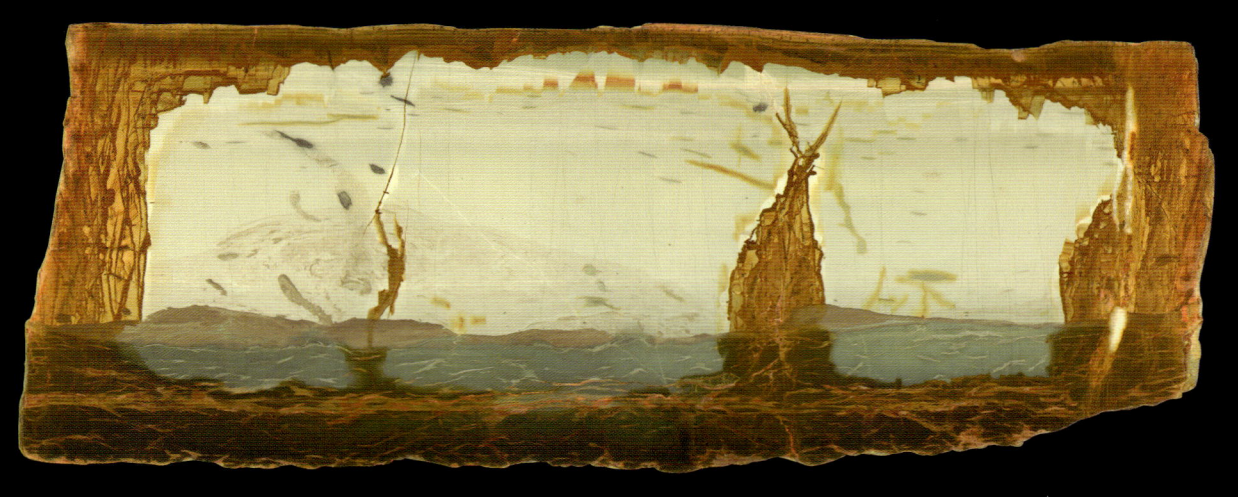

335. 石灰岩
(パエジナ・ストーン)
Florence, Toscana, Italy

336. │ 石灰岩
(パエジナ・ストーン)
Florence, Toscana, Italy
※約 250%に拡大

Paesina Stone

337. 石灰岩（パエジナ・ストーン）
Florence, Toscana, Italy

338. 石灰岩（パエジナ・ストーン）
Florence, Toscana, Italy

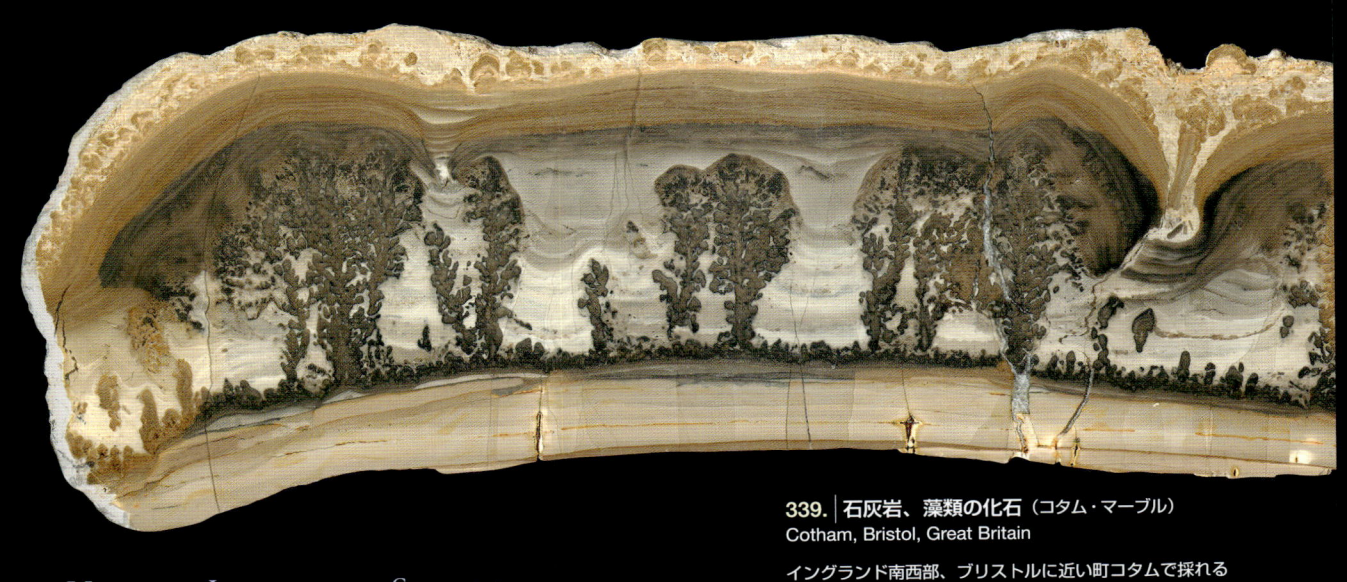

339. 石灰岩、藻類の化石（コタム・マーブル）
Cotham, Bristol, Great Britain

イングランド南西部、ブリストルに近い町コタムで採れる石灰岩も風景石として有名だ。ストロマトライト（藻類の化石）の一種で、ポプラ並木のような模様が特徴的だ

Various Landscape Stones
様々な風景石

340. ジャスパー
（オワイヒー・サンセット・ジャスパー）
Owyhee Mountain, Oregon, USA
Thom Lane Collection

北米には風景石と呼べるジャスパーが多種あるが、オワイヒー渓谷で採れるジャスパーはその代表的なもののひとつだ。いくつかのタイプがあるが、これは砂漠の夕景のような景色を見せることからサンセット・ジャスパーと呼ばれている

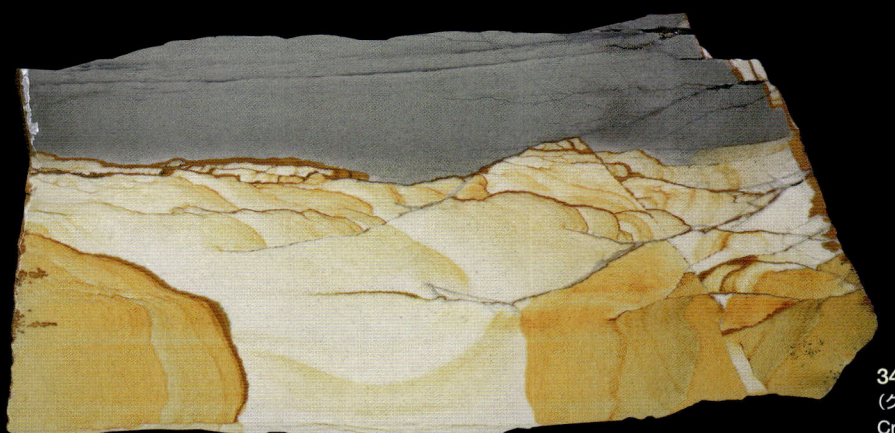

341. ジャスパー
（クリップル・クリーク・ジャスパー）
Cripple Creek, Oregon, USA

147

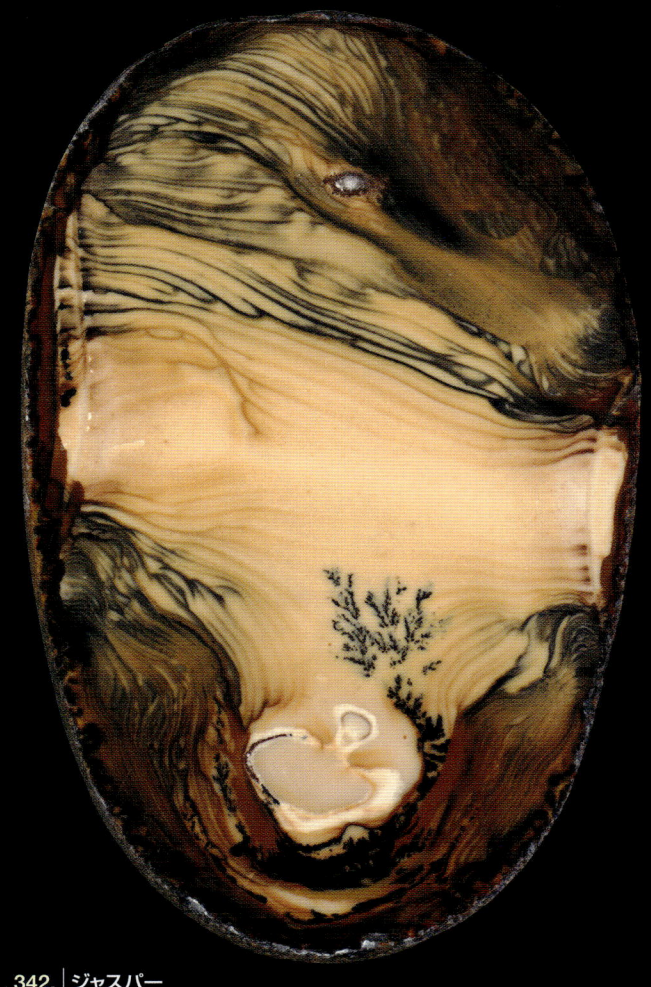

◆ LANDSCAPE STONES　風景石の世界

342. ジャスパー
（ロイヤル・サハラ・ジャスパー）
Eastern Sahara Desert, Egypt

エジプトの東サハラ砂漠で採れるナゲット状のジャスパーは、かつて「ナイルの小石」と呼ばれ、風景に似た模様をもつ石として、古くは18世紀の鉱物学書にも図像が紹介されていた。近年新しい産地が発見され、ロイヤル・サハラ・ジャスパーの名で再び市場に現れた

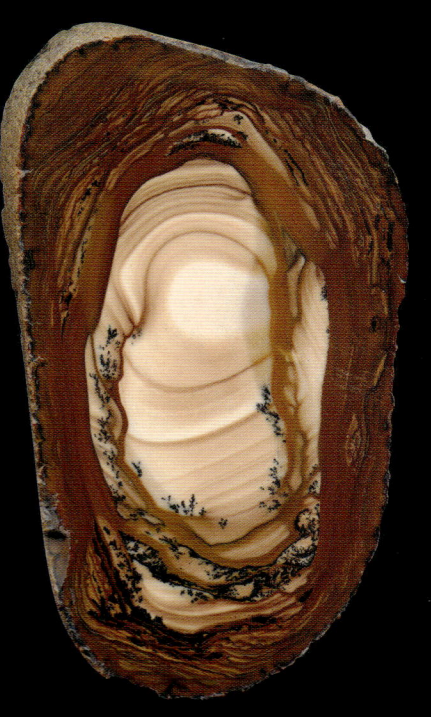

VARIOUS
LANDSCAPE STONES

343. ジャスパー
（ロイヤル・サハラ・ジャスパー）
Eastern Sahara Desert, Egypt

344. 流紋岩（ワンダー・ストーン）
Vernon Hills, Utah, USA

流紋岩にも風景のように見える模様をもつものがある。この小さな断片は、一つ目小僧の顔のようであり、また、黒い太陽が砂漠を照らしているような、エスニックな絵画にも見える

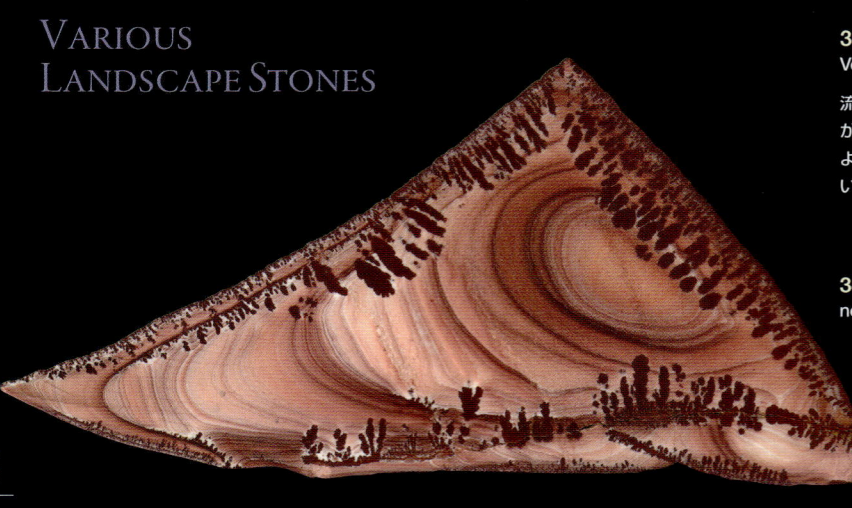

345. 流紋岩（アパッチ・ライオライト）
near Deming, New Mexico, USA

流紋岩の風景石として最も有名なのは、アパッチ・ライオライトだ。周辺から樹状の模様が伸びているが、一辺を地平線にみたてると、木立のある景色のようだ。中心部に円形の模様があり、空気が渦を巻いているように見える

Owyhee Picture Jasper
オワイヒー・ピクチャー・ジャスパー

347. ジャスパー
（オワイヒー・ピクチャー・ジャスパー）
East of Owyhee River Canyon,
Oregon, USA

346. ジャスパー
（オワイヒー・ピクチャー・ジャスパー）
East of Owyhee River Canyon, Oregon, USA
Thom Lane Collection

オワイヒー・ジャスパーのうち風景石として知られるもので、最も一般的なのが、これらのタイプのものだ。黄土色の大地にデンドライト（樹状のインクルージョン）の木々が生え、空は青みがかっている。No.347など、日本画のような趣がある

348. ジャスパー
（オワイヒー・ピクチャー・ジャスパー）
East of Owyhee River Canyon, Oregon, USA

349. ジャスパー（デシューツ・ジャスパー）
Deschutes River Mouth, Oregon, USA

350. ジャスパー（デシューツ・ジャスパー）
Deschutes River Mouth, Oregon, USA

Biggs Jasper, Deschutes Jasper
ビッグズ・ジャスパー、デシューツ・ジャスパー

106頁で紹介したビッグズ・ジャスパーと、ごく近くで採れる類縁種ともいえるデシューツ・ジャスパーは、どちらも模様が風景画のように見えることで知られる。泥流の堆積が珪化したジャスパーで、独特な褶曲模様が連なっているが、これが起伏の多い山岳地のような景観を作り出し、点在する樹状のインクルージョンが絶妙のバランスでアクセントを加える。デシューツ・ジャスパーには、縞模様が細かく団塊の周縁をぐるりと取り巻いていて、中央部が無地のものがあるが、切り方によって、これが空の部分になり、完璧といっていい風景石になる。

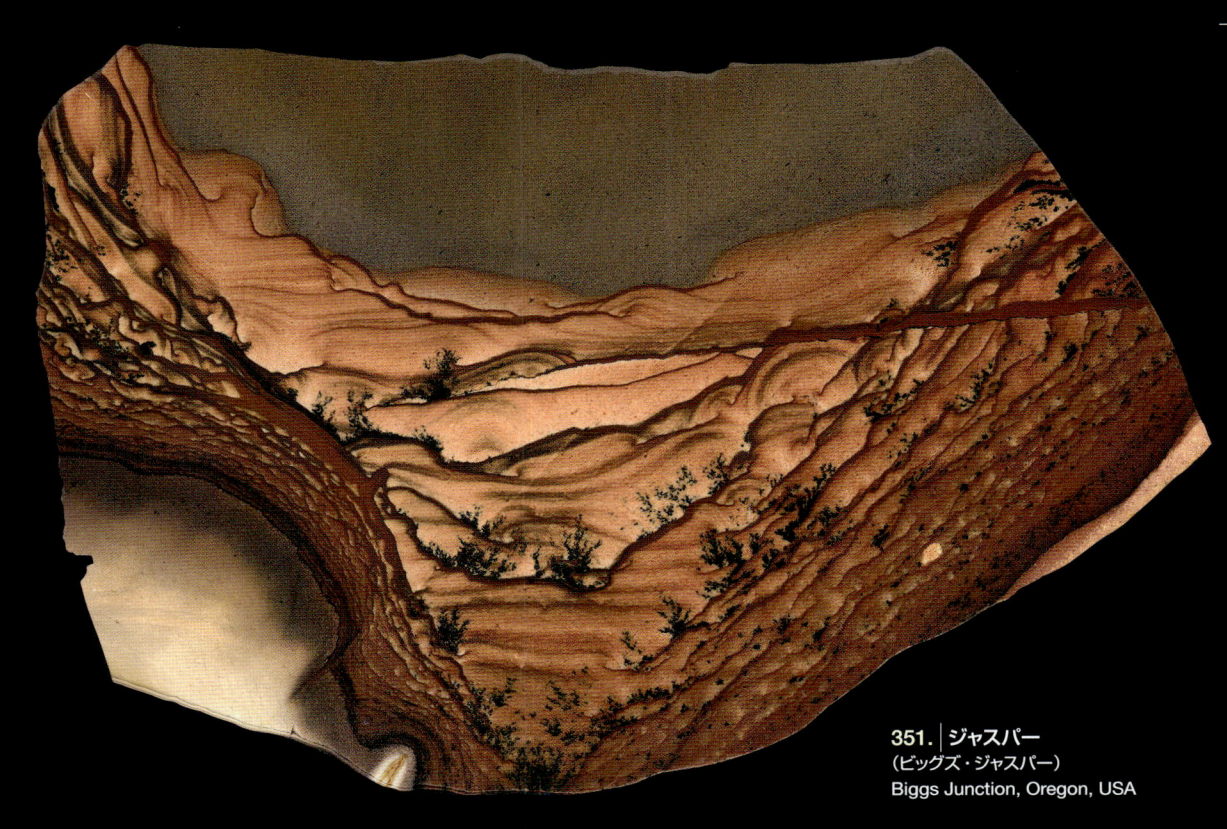

351. ジャスパー
（ビッグズ・ジャスパー）
Biggs Junction, Oregon, USA

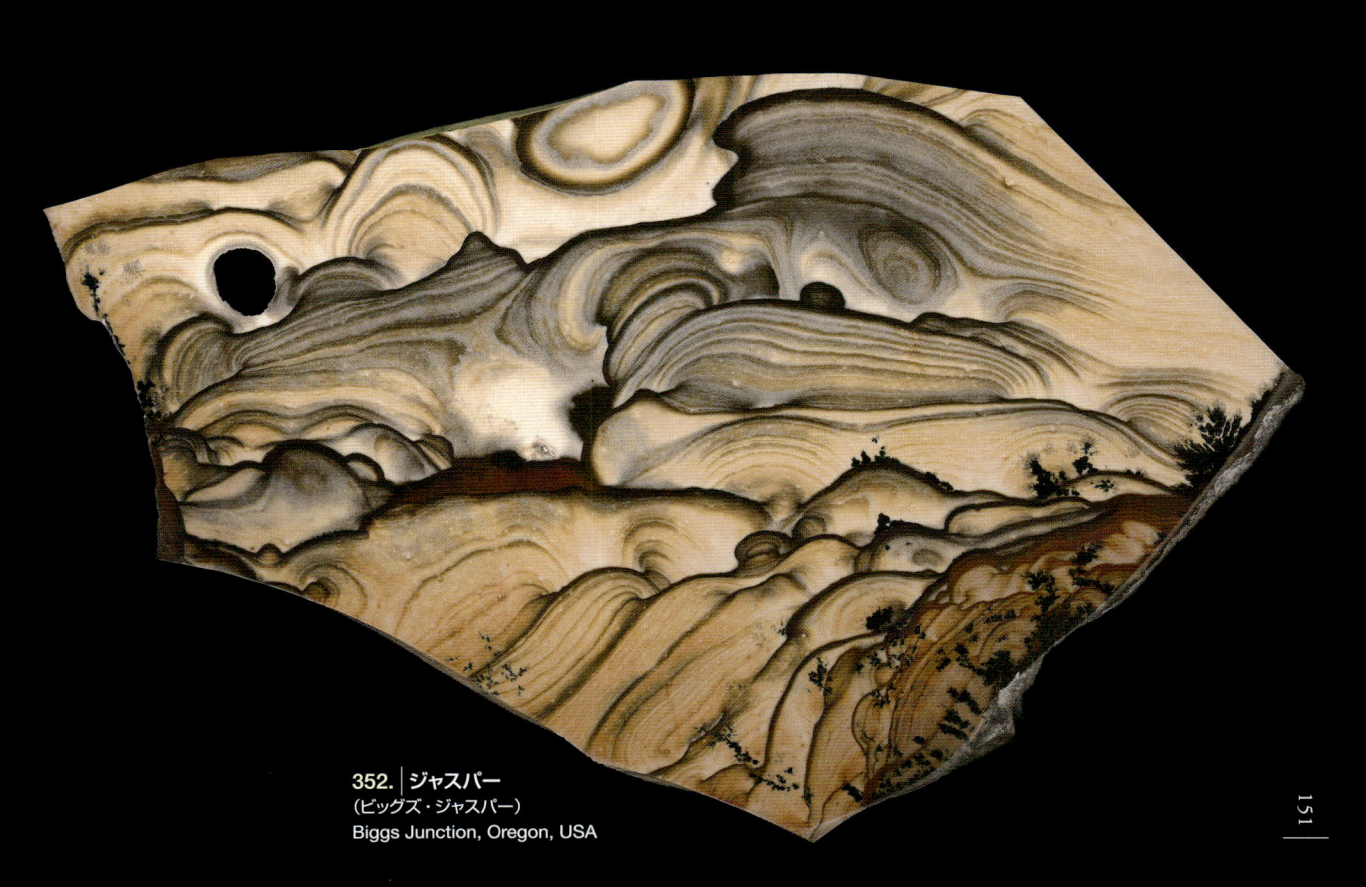

352. ジャスパー
（ビッグズ・ジャスパー）
Biggs Junction, Oregon, USA

◆LANDSCAPE STONES　風景石の世界

353. ジャスパー（デシューツ・ジャスパー）
Deschutes River Mouth, Oregon, USA
木の切り株のような模様だが、彼方まで丘が連なる雄大な景観を魚眼レンズで覗いたかのようにも見える

PETRIFIED WORLD

石化した世界

百貨店の大理石の壁面の中に、アンモナイトなどの古生物の化石を見つけることがある。岩石の中に、まるで石の模様に擬態するかのように生命の形が隠れている場合もあれば、生物の外形や構造だけを残しつつ、丸ごと美しい貴石に変化した化石もある。億年単位の時間のなかで行われる、無機物と有機物の不思議な交感、変わり身の世界を紹介する。

354. 珪化した松ぼっくりの化石
(Araucaria Mirabilis の種子の化石)
Cerro Cuadrado, Argentina

355.

Petrified Wood
珪化木

珪化木とは、土砂や火山灰などの堆積物に埋もれた木の組織内にシリカ＝珪酸を含む溶液が浸透し、全体が瑪瑙、ジャスパーやオパールなどの石英の一種として固化したものだ。樹木としての原形をほぼ失ったものもあれば、外皮や年輪までもくっきりと残したまま、全体が石英化したものもある。アリゾナ州の化石の森国立公園では、完全に石英化した大木が乾燥した丘陵地に散らばっている。外皮は焦げ茶色で、遠目には倒木そのものだが、内部は極彩色の瑪瑙に変化している。また、ワイオミング州のブルー・フォレストでは、木目を細かく残したまま一部が透明感のある薄水色の瑪瑙に変化した丸太が数多く見つかる。ユタ州の

356.

イエロー・キャットでは、真っ赤な縞瑪瑙に変化した珪化木が採れる。珪化木の姿は実に様々だが、ここでは丸い形のものを選んで、薪のように画像を積み上げてみた。

355. 珪化木
（Araucaria の化石）
Carlson Ranch,
Holbrook, Arizona, USA

356. 珪化した松ぼっくりの化石
（Araucaria Mirabilis の種子の化石）
Cerro Cuadrado, Argentina

木の方は三畳紀、松ぼっくりはジュラ紀と、産地も時代も異なるが、ともにナンヨウスギ科の植物だ

357. 様々な珪化木
産地などについては巻末参照

◆ PETRIFIED WOOD　珪化木

Petrified Animals
珪化した動物の化石

動物の化石もまたユニークな模様の貴石になる。北米・ミシガン州の州の石に指定されているペトスキー・ストーンは蜂の巣状の模様の珊瑚が珪化したものだ。自然に削られた丸い川原石状のものが、ミシガン湖湖岸をはじめ州各地で拾える。

アクセサリー用に大量に流通しているのがインドネシア産の珊瑚の化石だ。全体がジャスパー、あるいは瑪瑙質になっていて、赤・黄に美しく染まっているものが多く、さながら花柄模様の七宝焼きのようだ。

約5千万年前の淡水の巻貝の死骸が堆積したものが珪化したツリテラ・アゲート、バラバラに砕けて堆積したウミユリの残骸を大量に含んだ石灰岩、クリノイド・マーブルも、自然が産んだユニークな工芸品として様々な用途に使われている。

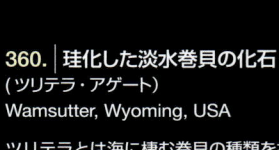

358. 珪化した珊瑚の化石
（ペトスキー・ストーン）
Lake Michigan, Michigan, USA

359. 珪化した珊瑚の化石
Sumatra, Indonesia

360. 珪化した淡水巻貝の化石
(ツリテラ・アゲート)
Wamsutter, Wyoming, USA

ツリテラとは海に棲む巻貝の種類を指すが、この化石に含まれているのは、淡水の巻貝である、Elimia Tenera だ

361. ウミユリの化石を含む石灰岩
（クリノイド・マーブル）
中華人民共和国湖北省

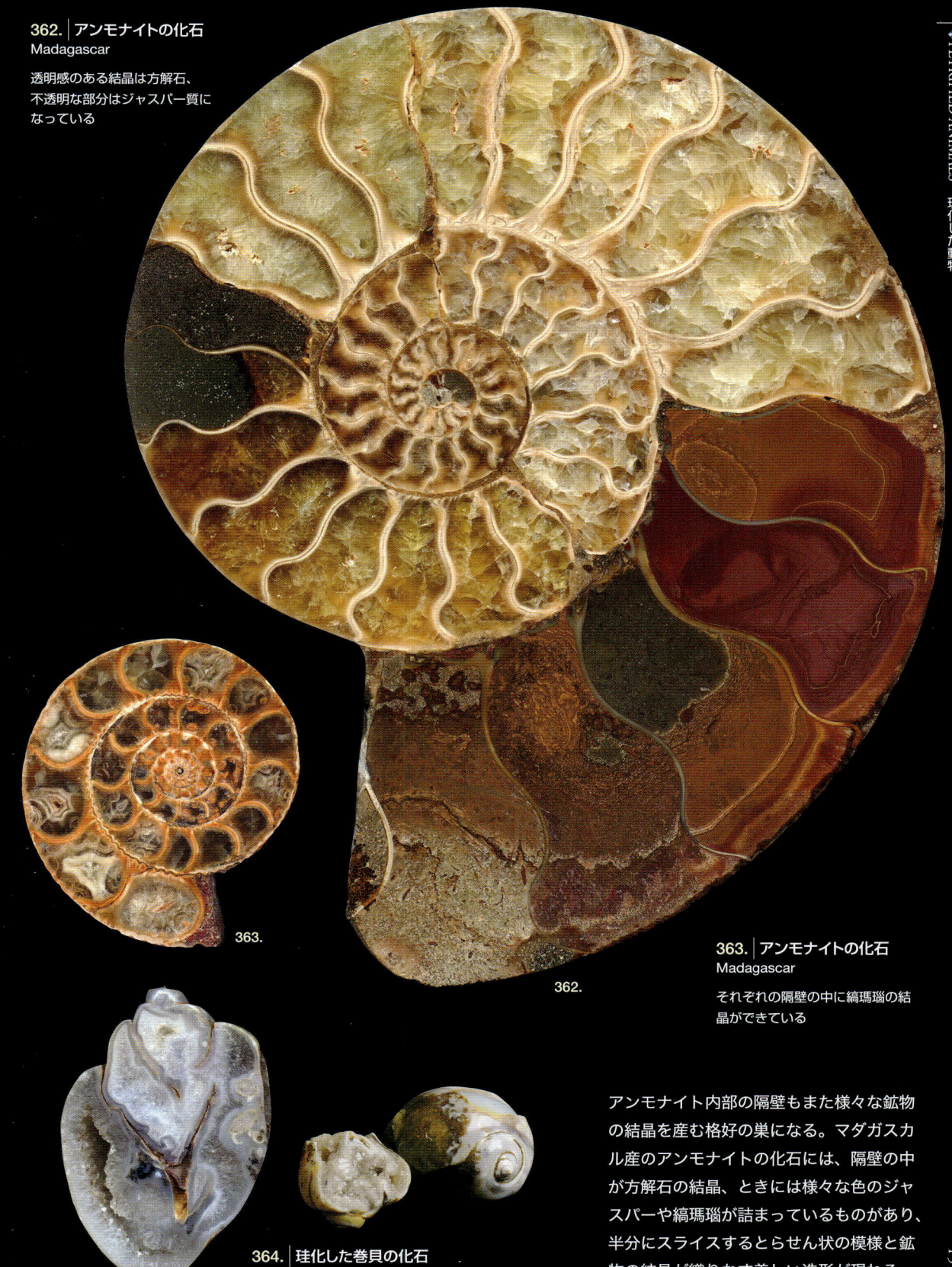

362. アンモナイトの化石
Madagascar

透明感のある結晶は方解石、不透明な部分はジャスパー質になっている

363.
363.

363. アンモナイトの化石
Madagascar

それぞれの隔壁の中に縞瑪瑙の結晶ができている

364. 珪化した巻貝の化石
Madhya Pradesh state, India

アンモナイト内部の隔壁もまた様々な鉱物の結晶を産む格好の巣になる。マダガスカル産のアンモナイトの化石には、隔壁の中が方解石の結晶、ときには様々な色のジャスパーや縞瑪瑙が詰まっているものがあり、半分にスライスするとらせん状の模様と鉱物の結晶が織りなす美しい造形が現れる。

❖ PETRIFIED ANIMALS　珪化した動物

AGATIZED DINOSAUR BONE
瑪瑙化した恐竜の骨

多種多様な貴石の中でも、最もユニークなのが、瑪瑙化した恐竜の化石だ。生成の仕組みは珪化木と同じで、骨の中の細かな隙間にシリカを含んだ溶液が入ることによって、骨の組織構造はそのままに、瑪瑙やジャスパーなど石英質の化石に変化したものだ。ユタ州南部のコロラド台地で採れるものは、色彩も鮮やかであることが多く、希少な貴石の一種として扱われている。カットすると独特な編み目模様や色のバラエティーが生まれる。骨の内部の独立した空隙にそれぞれ極小の縞メノウができ上がっているものもあり、これを磨き上げるとさながら変わり塗りの漆器のような美しい模様になるため、大きな骨を板状に切り出したものが、アクセサリー作りの素材としても盛んに取引されている。

365. 恐竜の骨の化石
Moab, Utah, USA
Alan Meltzer Collection

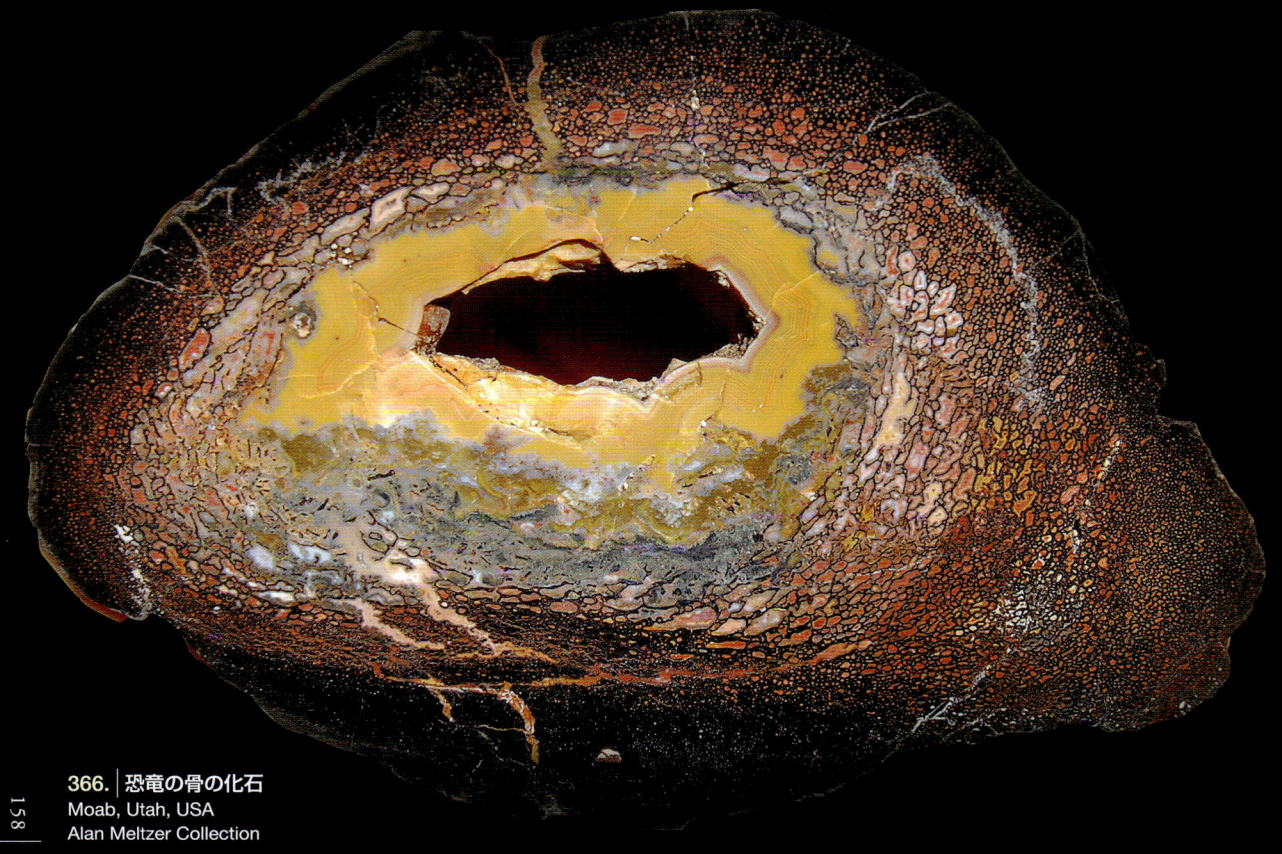

366. 恐竜の骨の化石
Moab, Utah, USA
Alan Meltzer Collection

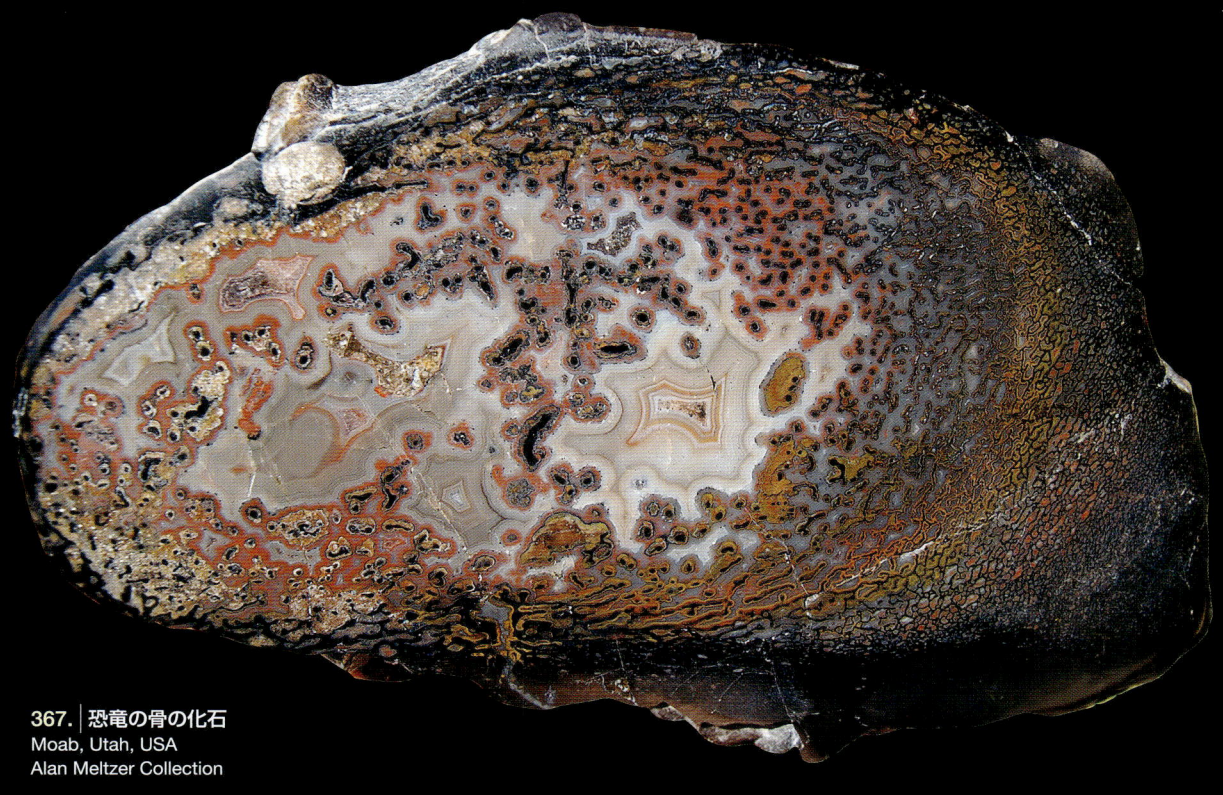

❖ AGATIZED DINOSAUR BONE　瑪瑙化した恐竜の骨

367. 恐竜の骨の化石
Moab, Utah, USA
Alan Meltzer Collection

左上の突起部分は、動脈が中を通る栄養孔と呼ばれる組織

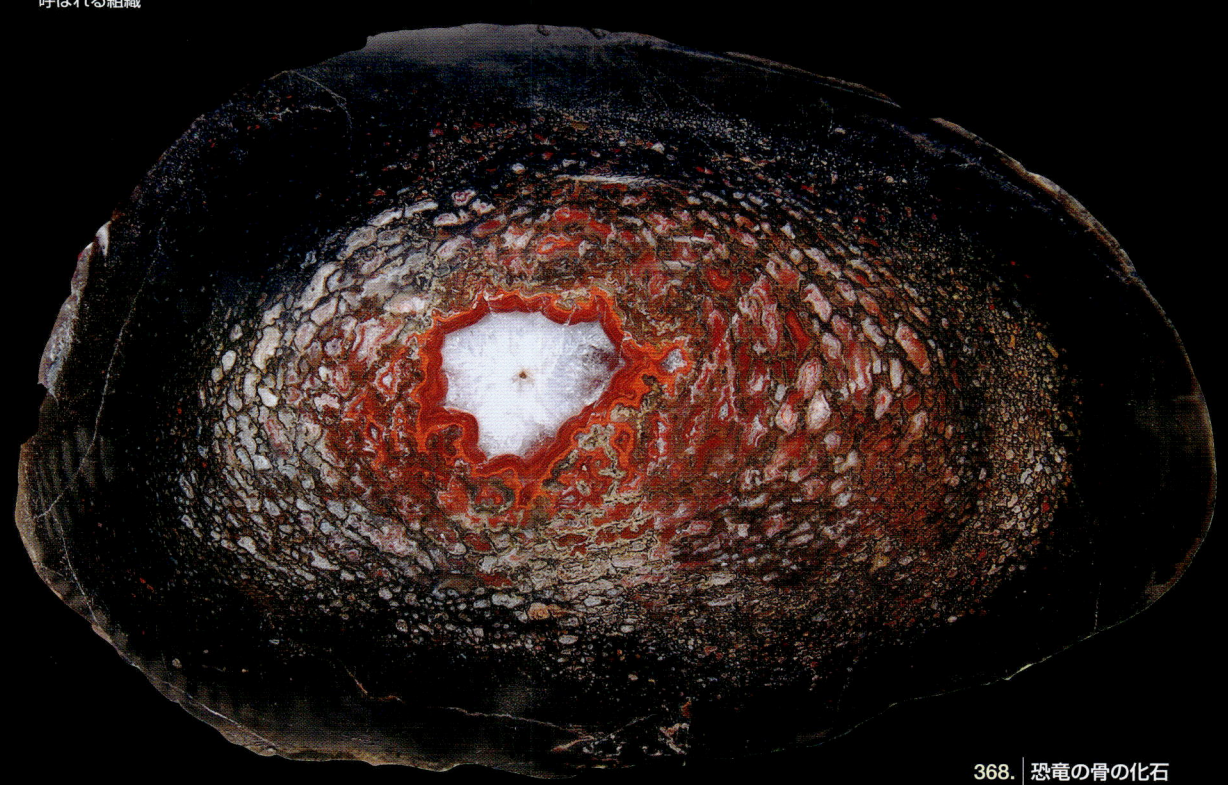

368. 恐竜の骨の化石
Moab, Utah, USA
Alan Meltzer Collection

369. 珪化した恐竜の糞の化石
(コプロライト)
Henry Mountains, Utah, USA

370. 珪化した恐竜の糞の化石
(コプロライト)
Henry Mountains, Utah, USA

AGATIZED DINOSAUR COPROLITE
瑪瑙化した恐竜の糞

瑪瑙化した恐竜の骨は最もユニークな貴石と紹介したが、最も驚くべき変貌をとげた貴石は、珪化した恐竜の糞の化石だろう。生物の糞の化石は糞石＝コプロライトと呼ばれる。恐竜の糞石には、リアルな外形を残しつつ石化したものが数多く見つかっているが、ユタ州産の糞石にはカラフルな瑪瑙に変化しているものがある。「これでお皿を作って、料理をのせよう。友達を呼んでパーティーを開いて、『この石、元は何だと思う？』ってやったら、間違いなく盛り上がるよ！」──ユタ州で糞石を板状に切って売っている業者の宣伝文句だ。

掲載標本データ、索引、参考資料

掲載標本データ

本文に収録した図版のうち、番号の付いた石の図版の詳細データです。英語表記を基本とし、標本番号、鉱物・岩石名（流通名、通称）、産地の情報、実寸（写真の横×縦）の順に記しています。また、一部の標本に、拡大率、所蔵者を明示しています。

001.
Agate (Laguna Agate)
Ojo Laguna, Chihuahua, Mexico
140mm×90mm

002.
Agate
中華人民共和国内モンゴル自治区、ゴビ砂漠
Gobi Desert, Inner Mongolia, China
（左）38mm×30mm
（右）23mm×18mm

003.
Agate (Carnelian)
北海道枝幸郡歌登町
Utanobori, Esashi, Hokkaidô, Japan
100mm×75mm

004.
Agate (Sardonyx)
Schlottwitz, Glashütte, Saxony, Germany
55mm×90mm

005.
Agate in Matrix
Waldhambach, Pfalz, Germany
70mm×90mm
Johann Zenz Collection

006.
Agate
Bay of Fundy, Nova Scotia, Canada
80mm×35mm

007.
Weathered Agate
Chihuahua, Mexico
60mm×50mm

008.
Agate
Płóczki Górne, Kaczawskie Mountains, Lower Silesia, Poland
65mm×60mm

009.
Agate (Laguna Agate)
Ojo Laguna, Chihuahua, Mexico
約500%に拡大

010.
Agate (Laguna Agate)
Ojo Laguna, Chihuahua, Mexico
88mm×77mm

011.
Agate (Laguna Agate)
Ojo Laguna, Chihuahua, Mexico
140mm×110mm

012.
Agate (Laguna Agate)
Ojo Laguna, Chihuahua, Mexico
85mm×73mm

013.
Agate (Laguna Agate)
Ojo Laguna, Chihuahua, Mexico
85mm×90mm

014.
Agate (Laguna Agate)
Ojo Laguna, Chihuahua, Mexico
95mm×65mm

015.
Agate (Laguna Agate)
Ojo Laguna, Chihuahua, Mexico
75mm×55mm

016.
Agate (Laguna Agate)
Ojo Laguna, Chihuahua, Mexico
85mm×65mm

017.
Agate (Laguna Agate)
Ojo Laguna, Chihuahua, Mexico
95mm×100mm

018.
Agate (Laguna Agate)
Ojo Laguna, Chihuahua, Mexico
100mm×80mm

019.
Agate (Laguna Agate)
Ojo Laguna, Chihuahua, Mexico
100mm×65mm

020.
Agate (Laguna Agate)
Ojo Laguna, Chihuahua, Mexico
100mm×90mm

021.
Agate (Laguna Agate)
Ojo Laguna, Chihuahua, Mexico
130mm×90mm

022.
Agate (Laguna Agate)
Ojo Laguna, Chihuahua, Mexico
約625%に拡大

023.
Agate (Laguna Agate)
El Conejeros Mine, Ojo Laguna, Chihuahua, Mexico
100mm×75mm

024.
Agate (Laguna Agate)
Ojo Laguna, Chihuahua, Mexico
135mm×95mm

025.
Agate (Laguna Agate)
Ojo Laguna, Chihuahua, Mexico
98mm×52mm

026.
Agate (Laguna Agate)
Ojo Laguna, Chihuahua, Mexico
85mm×70mm

027.
Agate (Coyamito Agate)
Rancho Coyamito, Chihuahua, Mexico
75mm×40mm
Alan Meltzer Collection

028.
Agate (Laguna Agate)
Ojo Laguna, Chihuahua, Mexico
120mm×75mm

029.
Agate (Coyamito Agate)
Rancho Coyamito, Chihuahua, Mexico
42mm×35mm
Alan Meltzer Collection

030.
Agate (Agua Nueva Agate)
Rancho Agua Nueva, Chihuahua, Mexico
95mm×63mm

031.
Agate (Agua Nueva Agate)
Rancho Agua Nueva, Chihuahua, Mexico
135mm×80mm

032.
Agate (Gregorio Agate)
Rancho Gregorio, Chihuahua, Mexico
60mm×45mm
Johann Zenz Collection

033.
Agate (Laguna Agate)
Ojo Laguna, Chihuahua, Mexico
70mm×52mm

034.
Agate (Coyamito Agate)
Rancho Coyamito, Chihuahua, Mexico
36mm×30mm

035.
Agate (Laguna Agate)
Ojo Laguna, Chihuahua, Mexico
45mm×52mm

036.
Agate (Laguna Agate)
Ojo Laguna, Chihuahua, Mexico
48mm×45mm

037.
Agate (Coyamito Agate)
Rancho Coyamito, Chihuahua, Mexico
37mm×33mm
Alan Meltzer Collection

038.
Agate (Laguna Agate)
Ojo Laguna, Chihuahua, Mexico
70mm×50mm

039.
Agate
Chihuahua, Mexico
50mm×45mm

040.
Agate (Laguna Agate)
El Mesquite Claim, Ojo Laguna, Chihuahua, Mexico
85mm×70mm

041.
Agate (Laguna Agate)
Ojo Laguna, Chihuahua, Mexico
70mm×48mm

042.
Agate (Snow Ball Agate)
Los Medanos, Chihuahua, Mexico
52mm×50mm

043.
Agate (Moctezuma Agate)
Estacion Moctezuma, Chihuahua, Mexico
42mm×26mm

044.
Agate (Condor Agate)
Canon del Atuel, San Rafael, Mendoza, Argentina
60mm×45mm
約370%に拡大

045.
Agate (Condor Agate)
San Rafael, Mendoza, Argentina
118mm×98mm

046.
Agate (Condor Agate)
San Rafael, Mendoza, Argentina
115mm×80mm

047.
Agate (Condor Agate)
San Rafael, Mendoza, Argentina
85mm×74mm

048.
Agate (Condor Agate)
San Rafael, Mendoza, Argentina
75mm×56mm

049.
Agate (Condor Agate)
San Rafael, Mendoza, Argentina
95mm×64mm

050.
Agate (Condor Agate)
San Rafael, Mendoza, Argentina
80mm×74mm

051.
Agate (Condor Agate)
San Rafael, Mendoza, Argentina
100mm×80mm

052.
Agate (Condor Agate)
San Rafael, Mendoza, Argentina
65mm×45mm

053.
Agate
Berwyn, Chubut, Argentina
55mm×70mm

054.
Agate
Berwyn, Chubut, Argentina
85mm×70mm

055.
Agate
Berwyn, Chubut, Argentina
70mm×45mm

056.
Agate
Berwyn, Chubut, Argentina
70mm×50mm

057.
Agate
La Manea, Chubut, Argentina
95mm×90mm

058.
Agate
Berwyn, Chubut, Argentina
70mm×60mm
New York Collection

059.
Agate
Berwyn, Chubut, Argentina
56mm×41mm

060.
Agate (Lake Superior Agate)
Lake Superior, Michigan, USA
45mm×35mm

061.
Agate
Balmerino Beach, Fife, Scotland, UK
30mm×30mm
Nick Crawford Collection

062.
Agate
Rio Grande do Sul, Brazil
100mm×75mm
Johann Zenz Collection

063.
Agate in Quartz Stalactite
Artigas, Uruguay
85mm×88mm

064.
Agate
Balmerino Beach, Fife, Scotland, UK
36mm×26mm

065.
Agate (雨花石)
中華人民共和国江蘇省南京市
Nanjing, Jiangsu, China
直径約10mmから30mm

066.
Agate (Botswana Agate)
Bobonong, Botswana
65mm×60mm

067.
Agate (Botswana Agate)
Bobonong, Botswana
76mm×45mm

068.
Agate (Botswana Agate)
Bobonong, Botswana
55mm×40mm

069.
Agate (Botswana Agate)
Bobonong, Botswana
92mm×44mm

070.
Agate (Botswana Agate)
Bobonong, Botswana
80mm×38mm

071.
Agate (Botswana Agate)
Bobonong, Botswana
60mm×40mm

072.
Agate (Botswana Agate)
Bobonong, Botswana
90mm×60mm

073.
Agate (Botswana Agate)
Bobonong, Botswana
105mm×50mm

074.
Agate (Botswana Agate)
Bobonong, Botswana
約400%に拡大

075.
Agate (Dryhead Agate)
Bighorn & Pryor Mt. Range, Carbon County, Montana, USA
110mm×90mm

076.
Agate (Dryhead Agate)
Bighorn & Pryor Mt. Range, Carbon County, Montana, USA
100mm×90mm

077.
Agate (Dryhead Agate)
Bighorn & Pryor Mt. Range, Carbon County, Montana, USA
90mm×80mm

078.
Agate (Dryhead Agate)
Bighorn & Pryor Mt. Range, Carbon County, Montana, USA
95mm×80mm

079.
Agate (Dryhead Agate)
Bighorn & Pryor Mt. Range, Carbon County, Montana, USA
118mm×75mm

080.
Agate
Kinnoull Hill, Perthshire, Scotland, UK
66mm×60mm

081.
Agate
Heads of Ayr, Ayrshire, Scotland, UK
60mm×30mm

082.
Agate
Heads of Ayr, Ayrshire, Scotland, UK
50mm×40mm

083.
Agate
Ardie Hill, Fife, Scotland, UK
50mm×30mm

084.
Agate
Dulcote, Mendip Hills, Somerset, England, UK
130mm×100mm

085.
Agate (Queensland Agate)
Agate Creek, Queensland, Australia
60mm×33mm

086.
Agate (Queensland Agate)
Agate Creek, Queensland, Australia
65mm×55m

087.
Agate (Queensland Agate)
Agate Creek, Queensland, Australia
75mm×40mm

088.
Agate (Queensland Agate)
Agate Creek, Queensland, Australia
130mm×97mm
Rob Burns Collection

089.
Agate (Wave Hill Agate)
Wave Hill, Northern Territory, Australia
55mm×48mm

090.
Agate (Queensland Agate)
Agate Creek, Queensland, Australia
50mm×53mm

091.
Agate (雨花石)
中華人民共和国江蘇省南京市
Nanjing, Jiangsu, China
直径約10mmから50mm

092.
Agate (雨花石)
中華人民共和国江蘇省南京市
Nanjing, Jiangsu, China
70mm×65mm

093.
Agate (雨花石)
中華人民共和国江蘇省南京市
Nanjing, Jiangsu, China
60mm×48mm

094.
Agate (Lake Superior Agate)
Lake Superior, Michigan, USA
（奥）78mm×60mm
（左）58mm×45mm
（右）55mm×33mm

095.
Agate (Fairburn Agate)
Southern Area of Black Hills, South Dakota, USA
45mm×35mm

096.
Agate (Fairburn Agate)
Southern Area of Black Hills, South Dakota, USA
（奥左）70mm×45mm
（奥右）68mm×45mm
（手前左）25mm×40mm
（手前右）35mm×25mm

097.
Agate (Lake Superior Agate)
Lake Superior, Michigan, USA
60mm×70mm

098.
Agate (Blue Lace Agate)
Grünau, Namibia
30mm×140mm

099.
Agate (Crazy Lace Agate)
northwest of Ejido Benito Juárez, Chihuahua, Mexico
108mm×70mm

100.
Agate (Crazy Lace Agate)
northwest of Ejido Benito Juárez, Chihuahua, Mexico
185mm×230mm

101.
Agate (Crazy Lace Agate)
northwest of Ejido Benito Juárez, Chihuahua, Mexico
130mm×105mm

102.
Agate (Bubble Lace Agate)
Chihuahua, Mexico
210mm×130mm

103.
Agate (Crazy Lace Agate)
Chihuahua, Mexico
110mm×70mm

104.
Agate (Crazy Lace Agate)
northwest of Ejido Benito Juárez, Chihuahua, Mexico
70mm×55mm

105.
Agate (Crazy Lace Agate)
northwest of Ejido Benito Juárez, Chihuahua, Mexico
100mm×75mm

106.
Agate (Crazy Lace Agate)
northwest of Ejido Benito Juárez, Chihuahua, Mexico
170mm×75mm

107.
Agate (Dendritic Agate)
Ken River, Uttar Pradesh, India
70mm×60mm

108.
Agate (Dendritic Agate)
Ken River, Uttar Pradesh, India
約580%に拡大

109.
Agate (Dendritic Agate)
Ken River, Uttar Pradesh, India
110mm×90mm

110.
Agate (Dendritic Agate)
Ken River, Uttar Pradesh, India
65mm×90mm

111.
Agate (Dendritic Agate)
Ken River, Uttar Pradesh, India
78mm×103mm

112.
Agate
Pstan, Karagandy, Kazakhstan
38mm×50mm

113.
Agate
Pstan, Karagandy, Kazakhstan
50mm×50mm

114.
Agate

掲載標本データ

Pstan, Karagandy, Kazakhstan
65mm×35mm

115.
Agate
Pstan, Karagandy, Kazakhstan
55mm×42mm

116.
Agate
Pstan, Karagandy, Kazakhstan
52mm×34mm

117.
Agate
Pstan, Karagandy, Kazakhstan
70mm×40mm

118.
Agate (Montana Moss Agate)
Yellowstone River, Montana, USA
118mm×50mm

119.
Agate (Plume Agate)
near Presidio, Presidio County, Texas, USA
90mm×48mm

120.
Agate (Plume Agate)
Powell Butte, Crook County, Oregon, USA
48mm×45mm

121.
Agate (Plume Agate)
Woodward Ranch, Alpine, Brewster County, Texas, USA
65mm×50mm

122.
Agate (Stinkingwater Plume Agate)
Stinkingwater Pass, Crook County, Oregon, USA
90mm×75mm

123.
Agate (Regency Rose Plume Agate)
Graveyard Point, Malheur County, Oregon, USA
150mm×65mm

124.
Agate (Death Valley Plume Agate, Wingate Pass Plume Agate)
Wingate Pass, San Bernardino County, California, USA
55mm×50mm

125.
Agate (Death Valley Plume Agate, Wingate Pass Plume Agate)
Wingate Pass, San Bernardino County, California, USA
80mm×200mm

126.
Agate (Carey Plume Agate)
Carey Ranch, Prineville, Crook County, Oregon, USA
100mm×96mm

127.
Agate (Paisley Plume Agate)
near Wiley's Well, Imperial County, California, USA
130mm×85mm

128.
Agate (Marfa Plume Agate)
Marfa, Presidio County, Texas, USA
110mm×110mm

129.
Agate (Nydegger Plume Agate)
Nydegger Ranch, near Post, Crook County, Oregon, USA
105mm×80mm

130.
Agate (Plume Agate)
Davis Mountain, Jeff Davis County, Texas, USA
78mm×73mm

131.
Agate (Paul Bunyan Plume Agate)
Barstow, San Bernardino County, California, USA
104mm×77mm

132.
Agate (Cathedral Agate)
San Carlos, Chihuahua, Mexico
120mm×70mm

133.
Agate (Flame Agate)
Chihuahua, Mexico
90mm×60mm

134.
Agate
Rio Grande do Sul, Brazil
180mm×135mm

135.
Agate (Riviera Plume Agate)
Chihuahua, Mexico
67mm×85mm

136.
Agate (Moss Agate)
Gyöngyöstarján, Gyöngyösi, Heves, Hungary
100mm×90mm

137.
Agate (Moss Agate)
青森県東津軽郡
Higashitsugaru, Aomori, Japan
125mm×75mm

138.
Agate (Horse Canyon Moss Agate)
near Tehachapi, Kern County, California, USA
100mm×96mm

139.
Agate (Moss Agate)
East Timor
130mm×70mm
Rob Burns Collection

140.
Agate (Bird of Paradise Agate)
south-southwest of Jiménez, Chihuahua, Mexico
135mm×170mm

141.
Agate (Laguna Agate)
Ojo Laguna, Chihuahua, Mexico
75mm×58mm

142.
Agate (Nipomo Sagenite)
Nipomo, San Luis Obispo County, California, USA
50mm×48mm

143.
Agate
Kyje, Jičín, Hradec Kralove, Czech Republic
70mm×60mm

144.
Agate
Tete Province, Mozambique
100mm×80mm

145.
Agate
Kieswerk, Baden-Baden, Baden-Württemberg, Germany
80mm×70mm

146.
Agate
Dalnegorsk, Primorsky Krai, Russia
145mm×125mm

147.
Agate (Polyhedroid)
Sítio Garguelo, Cachoeira dos Índios, Paraiba, Brazil
100mm×50mm
Jeffrey Anderson Collection

148.
Agate (Polyhedroid)
Sítio Garguelo, Cachoeira dos Índios, Paraiba, Brazil
70mm×48mm

149.
Agate (Polyhedroid)
Sítio Garguelo, Cachoeira dos Índios, Paraiba, Brazil
105mm×60mm

150.
Agate
Wendelsheim, Rheinhessen, Rheinland-Pfalz, Germany
40mm×75mm
約430％に拡大

151.
Agate (Coyamito Agate)
Rancho Coyamito, Chihuahua, Mexico
78mm×65mm

152.
Agate (Coyamito Agate)
Rancho Coyamito, Chihuahua, Mexico
65mm×45mm

153.
Agate (Coyamito Agate)
Rancho Coyamito, Chihuahua, Mexico
60mm×75mm

154.
Agate
Arenrath, Eifel, Rheinland-Pfalz, Germany
55mm×40mm

155.
Agate
Çubuk, Ankara, Turkey
130mm×80mm

156.
Agate
Çubuk, Ankara, Turkey
200mm×65mm

157.
Agate (Thunderegg)
St. Egidien, Saxony, Germany
62mm×60mm

158.
Agate (Thunderegg)
Baker Mine, Deming, Luna County, New Mexico, USA
117mm×84mm

159.
Agate (Thunderegg)
St. Egidien, Saxony, Germany
160mm×140mm

160.
Agate (Thunderegg)
Buchanan Ranch, Harney County, Oregon, USA
110mm×70mm

161.
Agate (Thunderegg)
Lucky Strike Mine, Ochoco Mountains, Crook County, Oregon, USA
140mm×100mm

162.
Agate (Thunderegg)
Valley View Mine, Ochoco Mountains, Crook County, Oregon, USA
110mm×65mm

163.
Agate (Thunderegg)
Succor Creek, Malheur County, Oregon, USA
125mm×120mm

164.
Agate (Thunderegg)
Mutton Mountain, Warm Springs Indian Reservation, Jefferson County, Oregon, USA
120mm×110mm

165.
Agate (Priday Plume Agate)
Priday Ranch, Crook County, Oregon, USA
80mm×60mm

166.
Agate (Priday Plume Agate)
Priday Ranch, Crook County, Oregon, USA
60mm×47mm

167.
Agate (Priday Plume Agate)
Priday Ranch, Crook County, Oregon, USA
52mm×58mm

168.
Agate (Thunderegg)
Richardson Ranch,
Crook County, Oregon, USA
123mm×85mm

169.
Agate (Priday Plume Agate)
Priday Ranch, Crook County,
Oregon, USA
縦約70mm
約400%に拡大

170.
Agate (Thunderegg)
Agate Creek, Queensland,
Australia
95mm×90mm

171.
Agate (Thunderegg)
Lierbachtal, Schwarzwald,
Baden Wuertemberg, Germany
85mm×60mm

172.
Agate (Thunderegg)
Richardson Ranch,
Crook County, Oregon, USA
70mm×90mm

173.
Agate (Thunderegg)
石川県小松市菩提
Bodai, Komatsu, Ishikawa,
Japan
60mm×110mm

174.
Agate (Thunderegg)
McDermitt,
Nevada-Oregon border, USA
100mm×60mm

175.
Agate (Thunderegg)
Baker Mine, Deming,
Luna County, New Mexico, USA
40mm×38mm

176.
Agate (Thunderegg)
Baker Mine, Deming,
Luna County, New Mexico, USA
60mm×50mm

177.
Agate (Thunderegg)
St. Egidien, Saxony, Germany
170mm×130mm

178.
Agate (Thunderegg)
Santa Ulalia, Chihuahua,
Mexico
70mm×55mm

179.
Agate (Thunderegg)
Richardson Ranch,
Crook County, Oregon, USA
100mm×70mm

180.
Agate (Thunderegg)
Sky Blue Mine,
Little Florida Mountains,
Luna County, New Mexico, USA
103mm×142mm
峠武宏氏蔵

181.
Agate (Thunderegg)
Mount Hay, Queensland,
Australia
80mm×75mm

182.
Agate (Thunderegg)
Buchanan Ranch Mine,
Malheur County, Oregon
70mm×70mm

183.
Agate (Thunderegg)
Esterel Plateau near Frejus,
Provence-Alpes-Côte d'Azur,
France
50mm×50mm

184.
Agate (Thunderegg)
St. Egidien, Saxony, Germany
70mm×65mm

185.
Agate (Thunderegg)
St. Egidien, Saxony, Germany
100mm×95mm

186.
Agate (Thunderegg)
Baker Mine, Deming,
Luna County, New Mexico, USA
50mm×48mm

187.
Agate (Thunderegg)
Mount Hay, Queensland,
Australia
80mm×60mm

188.
Agate (Thunderegg)
Nowy Kosciol, Złotoryjski,
Dolnoslaskie, Poland
100mm×90mm

189.
Opal (Thunderegg)
Mezezo, Shewa Province,
Ethiopia
40mm×40mm

190.
Opal (Thunderegg)
愛知県新城市棚山高原
Tanayama, Shinshiro, Aichi,
Japan
73mm×45mm

191.
Opal (Thunderegg)
Owyhee Mountains,
Owyhee County, Idaho, USA
140mm×108mm

192.
Opal (Thunderegg)
Wello, Shewa Province, Ethiopia
33mm×28mm

193.
Agate (Thunderegg)
Piedra Parada,
Chubut Province, Argentina
85mm×95mm

194.
Agate, Quartz (Dugway Geode)
Dugway Range,
Tooele County, Utah, USA
110mm×135mm

195.
**Agate, Chalcedony
(Thunderegg)**
Baker Mine, Deming,
Luna County, New Mexico, USA
130mm×95mm
Alan Meltzer Collection

196.
Agate
島根県玉湯町花仙山
Kasen Mt., Tamayu, Shimane,
Japan
一番奥の瑪瑙80mm×35mm

197.
Agate (Thunderegg)
石川県金沢市、浅野川
Asano River, Kanazawa,
Ishikawa, Japan
表示部分150mm×108mm

198.
Agate
石川県小松市菩提
Bodai, Komatsu, Ishikawa,
Japan
110mm×100mm

199.
Agate
北海道瀬棚郡今金町
Imakane, Setana, Hokkaidô,
Japan
加熱による色揚げ処理済
表示部分160mm×80mm

200.
Agate
北海道瀬棚郡今金町
Imakane, Setana, Hokkaidô,
Japan
140mm×175mm

201.
Agate
北海道瀬棚郡今金町
Imakane, Setana, Hokkaidô,
Japan
160mm×55mm

202.
Agate, Jasper, Chalcedony
（錦石）
青森県津軽郡
Tsugaru, Aomori, Japan
実寸の約55%

203.
Agate
青森県五所川原市梵珠山
Bonju Mt., Goshogawara,
Aomori, Japan
110mm×70mm

204.
Agate, Jasper（錦石、鹿の子石）
青森県東津軽郡外ヶ浜町
Sotogahama, Higashitsugaru,
Aomori, Japan
90mm×75mm

205.
Chalcedony, Marcasite（銀花石）
青森県東津軽郡平内町外童子
Sotodôji, Hiranai,
Higashitsugaru, Aomori, Japan
130mm×110mm

206.
Jasper（五城目孔雀石）
秋田県南秋田郡五城目町
Gojôme, Minamiakita, Akita,
Japan
195mm×110mm
田旗勝之氏蔵

207.
Rhyolite, Agate
青森県西津軽郡深浦町追良瀬海岸
Oirase Beach, Fukaura,
Nishitsugaru, Aomori, Japan
表示部分195mm×180mm

208.
Agate
茨城県常陸大宮市北富田
Kitatomida, Hitachiômiya,
Ibaraki, Japan
70mm×60mm

209.
Agate
Carazinho, Rio Grande do Sul,
Brazil
90mm×75mm

210.
Agate
Rio Grande do Sul, Brazil
330mm×240mm

211.
Agate
Rio Grande do Sul, Brazil
原寸表示

212.
Agate
Carazinho, Rio Grande do Sul,
Brazil
約275%に拡大

213.
Agate (Kentucky Agate)
Jones Branch, Estill County,
Kentucky, USA
185mm×160mm

214.
Agate (Kentucky Agate)
South fork of Station Camp
Creek, Estill County,
Kentucky, USA
180mm×148mm

215.
Agate (Paint Rock Agate)
Greasy Cove, Franklin County,
Tennessee, USA
83mm×80mm

216.
Agate (Apache Agate)
near El Apache, Chihuahua,
Mexico
130mm×80mm

217.
Agate (Luna Agate)
La Mojina, near Terrenates,
Chihuahua, Mexico
115mm×75mm

218.
Agate
Horni Halze, Medenec,
Usti Region, Czech
115mm×65mm

掲載標本データ

219.
Agate
Norman's Law, Fife, Scotland, UK
65mm×35mm

220.
Agate
near Ngaba, Malawi
85mm×50mm

221.
Agate
Sierra del Chachahuen, Mendoza, Argentina
78mm×80mm

222.
Agate
Malargüe, Mendoza, Argentina
70mm×60mm

223.
Agate
Sierra del Chachahuen, Mendoza, Argentina
110mm×80mm

224.
Agate
Aouli, Upper Moulouya Lead District, Midelt, Khénifra Province, Meknès-Tafilalet Region, Morocco
230mm×150mm

225.
Agate
Kerrouchen, Khénifra Province, Meknès-Tafilalet Region, Morocco
140mm×120mm

226.
Agate
Aouli, Upper Moulouya lead District, Midelt, Khénifra Province, Meknès-Tafilalet Region, Morocco
表示部分の天地の実寸約40mm
約640%に拡大

227.
Agate
Kerrouchen, Khénifra Province, Meknès-Tafilalet Region, Morocco
190mm×100mm

228.
Agate
Zaer Zaiane (small mountain range around Zaer and Zaiane), Khénifra Province, Meknès-Tafilalet Region, Morocco
140mm×120mm

229.
Agate
Khur, Khur-e-Biabanak, Esfahan Province, Iran
68mm×50mm

230.
Agate
Uruguay River, Entre Rios, Argentina
59mm×50mm

231.
Agate (Iris Agate)
San Rafael, Mendoza, Argentina
80mm×53mm
峠武宏氏蔵

232.
Agate (Iris Agate)
Rio Grande do Sul, Brazil
48mm×50mm

233.
Chalcedony, Iron Oxide (Fire Agate)
Calvillo, Aguascalientes, Mexico
60mm×52mm

234.
Jasper (Mookaite)
Mooka Creek, Kennedy Range, Western Australia, Australia
205mm×110mm

235.
Agate, Jasper (Ocean Jasper)
near Marovato, Ambolobozo, Madagascar
90mm×100mm

236.
Agate, Jasper (Ocean Jasper)
near Marovato, Ambolobozo, Madagascar
表示部分の縦の実寸約22mm
約1150%に拡大

237.
Agate, Jasper (Ocean Jasper)
near Marovato, Ambolobozo, Madagascar
140mm×180mm

238.
Agate, Jasper (Ocean Jasper)
near Marovato, Ambolobozo, Madagascar
220mm×250mm

239.
Agate, Jasper (Ocean Jasper)
near Marovato, Ambolobozo, Madagascar
210mm×105mm

240.
Agate, Jasper (Ocean Jasper)
near Marovato, Ambolobozo, Madagascar
110mm×80mm

241.
Agate, Jasper (Ocean Jasper)
near Marovato, Ambolobozo, Madagascar
80mm×85mm

242.
Agate, Jasper (Ocean Jasper)
near Marovato, Ambolobozo, Madagascar
110mm×90mm

243.
Agate, Jasper (Ocean Jasper)
near Marovato, Ambolobozo, Madagascar
75mm×80mm

244.
Jasper (Royal Imperial Jasper)
north of San Cristóbal de La Barranca, Zacatecas, Mexico
90mm×90mm

245.
Jasper (Royal Imperial Jasper)
north of San Cristóbal de La Barranca, Zacatecas, Mexico
105mm×75mm

246.
Jasper (Royal Imperial Jasper)
north of San Cristóbal de La Barranca, Zacatecas, Mexico
160mm×70mm

247.
Jasper (Bruneau Jasper)
Bruneau Canyon, Owyhee County, Idaho, USA
98mm×63mm

248.
Jasper (Bruneau Jasper)
Bruneau Canyon, Owyhee County, Idaho, USA
150mm×125mm
鉱物たちの庭SPSコレクション

249.
Jasper (Blue Mountain Jasper)
Blue Mountains, Malheur County, Oregon, USA
115mm×90mm

250.
Jasper (Morrisonite)
Owyhee River Canyon, Malheur County, Oregon, USA
88mm×75mm
Philip Stephenson Collection

251.
Jasper (Morrisonite)
Owyhee River Canyon, Malheur County, Oregon, USA
80mm×80mm
Philip Stephenson Collection

252.
Jasper (Morrisonite)
Owyhee River Canyon, Malheur County, Oregon, USA
100mm×83mm
Philip Stephenson Collection

253.
Jasper (Morrisonite)
Owyhee River Canyon, Malheur County, Oregon, USA
125mm×100mm
Philip Stephenson Collection

254.
Jasper (Morrisonite)
Owyhee River Canyon, Malheur County, Oregon, USA
95mm×75mm
Kathleen Fink Collection

255.
Jasper (Willow Creek Jasper)
north of Eagle, Ada County, Idaho, USA
92mm×75mm
Philip Stephenson Collection

256.
Jasper (Willow Creek Jasper)
north of Eagle, Ada County, Idaho, USA
50mm×42mm
Philip Stephenson Collection

257.
Jasper (Indian Paint Stone, Navaho Blanket Jasper)
Death Valley, San Bernardino County, California, USA
135mm×120mm

258.
Jasper (Outback Jasper)
near Payne's Find, Western Australia, Australia
160mm×80mm

259.
Jasper (Munjina Stone)
Chichester Ranges, Pilbara Region, Western Australia, Australia
240mm×130mm

260.
Jasper (Noreena Jasper)
Pilbara Region, Western Australia, Australia
90mm×105mm

261.
Jasper (Owyhee Jasper)
Owyhee Uplands, Malheur County, Oregon, USA
80mm×60mm

262.
Jasper (Owyhee Jasper)
Owyhee Uplands, Malheur County, Oregon, USA
120mm×115mm

263.
Jasper (Biggs Jasper)
Biggs Junction, Sherman County, Oregon, USA
150mm×113mm
ex Thom Lane Collection

264.
Jasper, Chalcedony (Yongite)
Hartville, Platte County, Wyoming, USA
130mm×110mm

265.
Jasper (Morgan Hill Poppy Jasper)
Morgan Hill, Santa Clara County California, USA
250mm×150mm

266.
Jasper (Guadalupe Poppy Jasper)
Guadalupe Reservoir, Santa Clara County, California, USA
90mm×98mm

267.
Jasper (Tabu Tabu Jasper)
South Africa
150mm×100mm

268.
Jasper (Stone Canyon Jasper)
Stone Canyon, Nelson Creek, Coalinga area, Diablo Range, Monterey County, California, USA
130mm×55mm

269.
Jasper
Uruguay River, Entre Rios, Argentina
90mm×52mm

270.
Jasper (Bumblebee Jasper)
West Java, Indonesia
75mm×62mm

271.
Jasper (Amazon Valley Jasper)
Paraiba, Brazil
210mm×70mm

272.
Flint
Anthony's Lagoon, Northern Territory, Australia
150mm×100mm

273.
Flint
Krzemionki, Tarnobrzeg District, Poland
175mm×100mm

274.
Jasper (Porcelain Jasper, Sci Fi Jasper)
Sierra Los Mojones, Sonora, Mexico
160mm×105mm

275.
Jasper (Cherry Creek Jasper)
中華人民共和国、産地不明
Unknown Location, China
100mm×75mm

276.
Limestone (Flowering Tube Onyx)
Nephi, Juab County, Utah, USA
60mm×75mm

277.
Silicated Dolomite (Sonora Dendritic)
Sonora, Mexico
120mm×120mm

278.
Rhyolite (Mushroom Jasper)
Dead Horse Wash, Maricopa County, Arizona, USA
160mm×125mm

279.
Rhyolite (Lilypad Jasper)
near Madras, Jefferson County, Oregon, USA
125mm×125mm

280.
Rhyolite, Agate (Rainforest Jasper)
Mount Hay, Queensland, Australia
215mm×130mm

281.
Rhyolite (Leopard Skin Jasper)
southeast of Aguascalientes, Aguascalientes, Mexico
130mm×70mm

282.
Rhyolite (Starburst Rhyolite)
Chihuahua, Mexico
80mm×70mm

283.
Rhyolite (Bird's Eye Rhyolite)
Arizona, USA
80mm×75mm

284.
Rhyolite (Wonder Stone)
Grimes Point, Churchill County, Nevada, USA
180mm×110mm

285.
Andalusite, Limestone (Chinese Writing Stone)
Auburn, California, USA
105mm×80mm

286.
Granite (Graphic Granite)
Enskoye, Kola Peninsula, Russia
80mm×62mm

287.
Chert (Arabic Writing Stone, Script Stone, Mariam)
Jodhpur-Jaisalmer area, Rajashthan state, India
左右130mm

288.
Limestone (Arno Green)
Arno River, Toscana, Italy
95mm×78mm

289.
Septarian Nodule
北海道士別市
Shibetsu, Hokkaidô, Japan
長さ約50cm
秩父珍石館所蔵

290.
Septarian Nodule
near Orderville, Kane County, Utah, USA
175mm×155mm

291.
Septarian Nodule
Jerada, Oriental, Morocco
82mm×76mm

292.
全て、Septarian Nodule
Jerada, Oriental, Morocco
約85%に縮小

293.
Septarian Nodule
Mahajanga, Madagascar
290mm×160mm

294.
Septarian Nodule
near Orderville, Kane County, Utah, USA
210mm×200mm

295.
Septarian Nodule
near Orderville, Kane County, Utah, USA
180mm×165mm

296.
Septarian Nodule
Huanzala Mine, Dos de Mayo Province, Peru
190mm×180mm

297.
Septarian Nodule
Berlin, Germany
110mm×58mm

298.
Septarian Nodule,
Czestochowa, Silesian Voivodeship, Poland
210mm×205mm

299.
Septarian Nodule
near Avignon, France
85mm×80mm

300.
Septarian Nodule
Quart Pot Creek, Queensland, Australia
70mm×70mm

301.
Septarian Nodule,
Czestochowa, Silesian Voivodeship, Poland
195mm×165mm

302.
Septarian Nodule
Volga, Moscow, Russia
90mm×85mm

303.
Ammonite (Quenstedticaeris)
Volga, Moscow, Russia
55mm×50mm

304.
Malachite
Katanga Province, Democratic Republic of the Congo
102mm×85mm

305.
Malachite
Katanga Province, Democratic Republic of the Congo
160mm×100mm

306.
Malachite
Katanga Province, Democratic Republic of the Congo
130mm×200mm

307.
Chrysocolla, Malachite, Azurite
Katanga Province, Democratic Republic of the Congo
120mm×110mm

308.
Azurite, Malachite, Cuprite
Stepnoe, Altai, Russia
150mm×120mm

309.
Charoite
Aldan Shield, Saha Republic, Russia
80mm×130mm

310.
Opal, Hematite
Koroit Opal field, Paroo Shire, Warrego District, Queensland, Australia
48mm×80mm

311.
Larimar
Los Chupaderos, Los Checheses, Dominique
135mm×120mm

312.
Tiffany Stone (Opalized Fluorite)
Spor Mountain, Juab County, Utah, USA
220mm×180mm

313.
Tiffany Stone (Opalized Fluorite)
Spor Mountain, Juab County, Utah, USA
120mm×110mm

314.
Variscite, Crandallite, Wardite
Clay Canyon, Fairfield, Utah County, Utah, USA
78mm×93mm

315.
Seraphinite (Clinochlore)
Korshunovskoye, Irkutsk, Transbaikalia, Russia
115mm×150mm

316.
Rhodochrosite
Capillitas Mine, Andalgalá Department, Catamarca, Argentina
160mm×105mm

317.
Rhodochrosite
Capillitas Mine, Andalgalá Department, Catamarca, Argentina
200mm×140mm

318.
Tiger Iron
Ord Ranges near Port Hedland Pilbara Region, Western Australia, Australia
170mm×90mm

319.
Tiger's Eye
Hamersley Range, Pilbara Region, Western Australia, Australia
180mm×90mm

320.
Pietersite
Outjo, Kunene Region, Namibia
43mm×70mm

321.
Pietersite
中華人民共和国河南省南陽市
Nanyang, Henan, China
約320%に拡大

322.
Labradorite
Maniry Commune, Southwestern Region, Madagascar
130mm×125mm

323.
Schalenblende

Olkusz, Malopolskie, Poland
125mm×90mm

324.
Schalenblende
Olkusz, Malopolskie, Poland
150mm×80mm

325.
Iron Meteorite (Octahedrite)
near Gibeon,
Great Namaqualand, Namibia
150mm×115mm

326.
Iron Meteorite (Octahedrite)
Canyon Diablo,
Navajo County, Arizona, USA
160mm×70mm

327.
Agate
Rio Grande do Sul, Brazil
約550%に拡大（透過光）

328.
Limestone
中華人民共和国広西壮族自治区
Guangxi, China
サイズ不明

329.
Serpentinite
中華人民共和国遼寧省
Liaoning, China
約450mm×450mm

330.
Limestone (Paesina Stone)
Florence, Toscana, Italy
190mm×120mm

331.
Limestone (Paesina Stone)
Florence, Toscana, Italy
80mm×45mm

332.
Limestone (Paesina Stone)
Florence, Toscana, Italy
305mm×100mm

333.
Limestone (Paesina Stone)
Florence, Toscana, Italy
270mm×78mm

334.
Limestone (Paesina Stone)
Florence, Toscana, Italy
135mm×115mm

335.
Limestone (Paesina Stone)
Florence, Toscana, Italy
300mm×115mm

336.
Limestone (Paesina Stone)
Florence, Toscana, Italy
約250mmに拡大

337.
Limestone (Paesina Stone)
Florence, Toscana, Italy
155mm×103mm

338.
Limestone (Paesina Stone)
Florence, Toscana, Italy
170mm×138mm

339.
Limestone (Cotham Marble)
Cotham, Bristol, Great Britain
210mm×70mm

340.
Jasper (Owyhee Sunset Jasper)
Owyhee Mountain, Oregon, USA
125mm×105mm
Thom Lane Collection

341.
Jasper (Cripple Creek Jasper)
East of Owyhee River Canyon,
Malheur County, Oregon, USA
155mm×85mm

342.
Jasper (Royal Sahara Jasper)
Eastern Sahara Desert, Egypt
43mm×68mm

343.
Jasper (Royal Sahara Jasper)
Eastern Sahara Desert, Egypt
50mm×90mm

344.
Rhyolite (Wonderstone)
Vernon Hills, Tooele County,
Utah, USA
45mm×35mm

345.
Rhyolite (Apache Rhyolite)
near Deming, New Mexico, USA
95mm×55mm

346.
Jasper (Owyhee Picture Jasper)
East of Owyhee River Canyon,
Malheur County, Oregon, USA
125mm×158mm
Thom Lane Collection

347.
Jasper (Owyhee Picture Jasper)
East of Owyhee River Canyon,
Malheur County, Oregon, USA
52mm×52mm

348.
Jasper (Owyhee Picture Jasper)
East of Owyhee River Canyon,
Malheur County, Oregon, USA
225mm×160mm

349.
Jasper (Deschutes Jasper)
Deschutes River Mouth,
Sharman County, Oregon, USA
100mm×85mm

350.
Jasper (Deschutes Jasper)
Deschutes River Mouth,
Sharman County, Oregon, USA
170mm×55mm

351.
Jasper (Biggs Jasper)
Biggs Junction,
Sharman County, Oregon, USA
130mm×100mm

352.
Jasper (Biggs Jasper)
Biggs Junction,
Sharman County, Oregon, USA
150mm×90mm

353.
Jasper (Deschutes Jasper)
Deschutes River Mouth,
Sharman County, Oregon, USA
133mm×103mm

354.
Petrified Cone of Araucaria Mirabilis
Cerro Cuadrado, Santa Cruz,
Argentina
68mm×76mm

355.
Petrified Araucaria
Carlson Ranch,
Holbrook, Navajo County,
Arizona, USA
390mm×330mm

356.
Petrified Cone of Araucaria Mirabilis
Cerro Cuadrado, Santa Cruz,
Argentina
（右奥のもの）75mm×65mm

357.
Petfified Wood

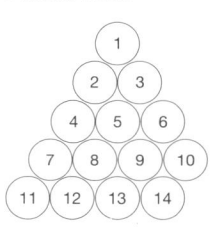

```
         1
       2   3
     4   5   6
   7   8   9   10
 11  12  13  14
```

1, 2, 14
　Crazy Horse, Eden Valley,
　Sweetwater County,
　Wyoming, USA
　1....130mm×120mm
　2....115mm×115mm
　14....118mm×100mm
3, 5
　Sweet Home, Linn County,
　Oregon, USA
　3....180mm×160mm
　5....135mm×130mm
4, 13
　Eden Valley,
　Sweetwater County,
　Wyoming, USA
　4....170mm×155mm
　13....160mm×140mm
6, 7, 8, 9, 10, 11, 12
　Blue Forest,
　Sweetwater County,
　Wyoming, USA
　6....143mm×115mm
　7....90mm×80mm
　8....88mm×75mm
　9....88mm×70mm
　10....65mm×114mm
　11....85mm×78mm
　12....170mm×140mm

358.
Petrified Coral (Petoskey Stone)
Lake Michigan, Michigan, USA
100mm×70mm

359.
Petrified Coral
Sumatra, Indonesia
各40mm×33mm

360.
Petrified Elimia Tenera (Turritella Agate)
Wamsutter, Sweetwater County,
Wyoming, USA
170mm×100mm

361.
Limestone with Crinoid Fossil (Crinoid Marble)
中華人民共和国湖北省
Hubei, China
65mm×60mm

362.
Ammonite
Madagascar
115mm×140mm

363.
Ammonite
Madagascar
40mm×45mm

364.
Agatized Conch Shell
Madhya Pradesh state, India
（左のカットしたもの）52mm×35mm

365.
Agatized Dinosaur Bone
Moab, Grand County, Utah,
USA
75mm×88mm
Alan Meltzer Collection

366.
Agatized Dinosaur Bone
Moab, Grand County, Utah,
USA
132mm×142mm
Alan Meltzer Collection

367.
Agatized Dinosaur Bone
Moab, Grand County, Utah,
USA
175mm×93mm
Alan Meltzer Collection

368.
Agatized Dinosaur Bone
Moab, Grand County, Utah,
USA
150mm×112mm
Alan Meltzer Collection

369.
Dinosaur Coprolite
Henry Mountains,
Garfield County, Utah, USA
120mm×70mm

370.
Dinosaur Coprolite
Henry Mountains,
Garfield County, Utah, USA
105mm×63mm

索引

凡例：鉱物・岩石名関連の項目の頁は、原則として、関連する写真・図版が掲載されている頁を指す。

鉱物・岩石名関連

【ア行】

アイ・アゲート ... 28-9, 30, 36, 38
アウトバック・ジャスパー ... 104
青石綿 ... 132
赤玉 ... 81
アグア・ヌエヴァ・アゲート ... 20
アゲート → 瑪瑙
アスベスト ... 132
アズライト ... 124
アパッチ・アゲート ... 87
アパッチ・ライオライト ... 148
アマゾン・バレー・ジャスパー ... 108
アラビック・ライティング・ストーン ... 112
あられ石 ... 20, 67, 109, 114, 118
アルノー・グリーン ... 113
安山岩 ... 14, 80
アンモナイト ... 90, 121, 153, 157
イーリス・アゲート ... 9, 93
インカローズ ... 131
インクルージョン ... 9, 44, 46, 70, 72-3, 75, 79, 82-8, 92, 101, 127, 149, 150
インディアン・ペイント・ストーン ... 104
ウィロー・クリーク・ジャスパー ... 103
雨花石 ... 29, 38-9, 112, 138
ウミユリ ... 90, 156
黄鉄鉱 ... 80, 114, 119, 121
オーシャン・ジャスパー ... 29, 96-9
オニキス ... 6-8, 45, 109
オパール ... 2, 6-7, 45, 62, 68, 70, 76, 79, 113, 126, 128, 134, 154
オービキュラー・ジャスパー ... 81, 107
オワイヒー・サンセット・ジャスパー ... 147
オワイヒー・ジャスパー ... 105, 149
オワイヒー・ピクチャー・ジャスパー ... 149

【カ行】

仮晶 ... 9, 20, 42, 60, 64-7, 89
カテドラル・アゲート ... 56
カーネリアン ... 6, 45
鹿の子石 ... 80-1, 107
カレイ・ブルーム・アゲート ... 54-5
亀甲石 → セプタリアン・ノジュール
ギベオン隕石 ... 136
キャッツアイ ... 127
キャニオン・ディアブロ隕石 ... 136
玉髄 ... 6, 9-10, 48, 56-7, 60, 68, 77, 80-1, 93, 106
恐竜 ... 158-60
銀花石 ... 80
金紅石 ... 60
草入り瑪瑙 → モス・アゲート
孔雀石（マラカイト） ... 3, 113, 122-5
孔雀石（マラカイト以外の石） ... 81, 107
苦灰岩 ... 109
クラウド・アゲート ... 92
グラフィック・グラナイト ... 112
クランダル石 ... 129
クリソコラ ... 124
クリソプレーズ ... 6
クリップル・クリーク・ジャスパー ... 147
クリノクロア ... 130
グレゴリオ・アゲート ... 19-20
クレージー・レース・アゲート ... 40-4
珪化した珊瑚の化石 ... 156
珪化した松ぼっくりの化石 ... 153-4
珪化木 ... 154-5
ケンタッキー・アゲート ... 86
玄武岩 ... 7, 38, 112
コタム・マーブル ... 147
コプロライト ... 160
コヤミト・アゲート ... 19-20, 66-7
コロイト・オパール ... 126
コンクリーション ... 114
コンドル・アゲート ... 22-25, 63

【サ行】

サード ... 6
サードオニキス ... 6, 45
酸化鉄 ... 6, 9, 14, 38, 48, 52, 78, 93
珊瑚 ... 1, 156
サンダーエッグ ... 54, 62, 68-79, 81, 101, 103
水晶 ... 6-8, 29, 34, 38, 62, 68, 77, 79, 88, 96
石灰岩 ... 1-3, 7, 41, 89, 108-9, 112-3, 138-147, 156
ジオード ... 77
ジグザグ瑪瑙 ... 88
ジャスパー ... 2, 6-7, 29, 37-9, 62-3, 68, 70, 78-81, 95-112, 126, 132, 140, 147-54, 156-8
シャドウエフェクト ... 30
シャトヤンシー ... 127, 130, 132
舎利石 ... 80
シャーレンブレンド ... 135
重晶石 ... 120
晶洞 ... 57, 92, 118
シリカ ... 2, 6-7, 9, 14, 34, 68, 78, 88, 94, 101, 104, 109-10, 124, 126, 132, 154, 158
スター・バースト・ライオライト ... 111
ストーン・キャニオン・ジャスパー ... 106-7
スペクトロライト ... 134
石英 ... 2, 6, 38, 63, 95, 112-3, 124, 128, 132, 154, 158
赤鉄鉱 ... 100, 126, 132
セージナイト・アゲート ... 9, 60
セプタリアン・ノジュール ... 114-21
セラフィナイト ... 130
閃亜鉛鉱 ... 135
曹灰長石 ... 134
ソーダ珪灰石 ... 127
ソノラ・デンドリティック ... 109
そろばん玉石 ... 74

【タ行】

タイガーアイアン ... 132
タイガーズアイ ... 132
堆積岩 ... 7, 86, 109
大理石 ... 1-3, 46, 138, 153
タブタブ・ジャスパー ... 106-7
チェリー・クリーク・ジャスパー ... 109
チャイニーズ・ライティング・ストーン ... 112
チャート ... 6, 108, 112
チャロアイト ... 125
チューブ・アゲート ... 9, 20, 29, 38, 40, 44, 60-1, 79, 88
ツリー・アゲート ... 49
ツリテラ・アゲート ... 156
泥岩 ... 7, 34, 130
ティファニー・ストーン ... 128
デシューツ・ジャスパー ... 150, 152
デス・バレー・プルーム・アゲート ... 54
鉄隕石 ... 136
デンドリティック・アゲート ... 9, 48-51, 109
ドライヘッド・アゲート ... 34-5
トルコ石 ... 94, 127

【ナ行】

魚子石 ... 81
錦石 ... 38, 80-1
ニッケル ... 136
ニデガー・プルーム・アゲート ... 55
ノリーナ・ジャスパー ... 105

【ハ行】

廃虚大理石 → パエジナ・ストーン
パエジナ・ストーン ... 138-46
白鉄鉱 ... 80, 135
バーズ・アイ・ライオライト ... 111
バード・オブ・パラダイス・アゲート ... 59
花子石 ... 81
バリッシャー石 ... 129
針鉄鉱 ... 60, 100
翡翠 ... 38
ピーターサイト ... 132
ビッグズ・ジャスパー ... 106, 150-1
ピューマ・アゲート ... 89
ファイアー・アゲート ... 9, 93
フィレンツェ石 → パエジナ・ストーン
フェアバーン・アゲート ... 39
フォーダイト ... 94
フォーティフィケーション ... 8, 10, 14, 40
ブーケ・アゲート ... 54, 56
フラワリング・チューブ・オニキス ... 109
フリント ... 46, 108
ブルノー・ジャスパー ... 101
ブルーマウンテン・ジャスパー ... 101
プルーム・アゲート ... 9, 52-7, 59, 70, 72-3, 79, 81, 88, 90
ブルーレース・アゲート ... 40
フレーム・アゲート ... 57
ペイント・ロック・アゲート ... 86
碧玉 → ジャスパー
ペクトライト ... 127
ペーズリー・プルーム・アゲート ... 55
ベリリウム ... 128
方鉛鉱 ... 135
方解石 ... 36, 42, 64, 94, 109, 113-21, 128, 157
ホース・キャニオン・モス・アゲート ... 58

ポーセラン・ジャスパー 109
蛍石 128
ボツワナ・アゲート 29-33
ポピー・ジャスパー 81, 107
ポリヘドロイド 64
ボルダー・オパール 126
ポール・バニヤン・プルーム・アゲート 56

【マ行】

巻貝 157
マッシュルーム・ジャスパー 110
松ぼっくり 155-6
マーファ・プルーム・アゲート 54-5
マンガン 9, 48-9, 52, 113, 128, 131, 141
マンジーナ・ストーン 104
虫食い瑪瑙→チューブ・アゲート
瑪瑙 2-3, 5-94, 100, 110, 126, 137-8, 154-60
瑪瑙化した恐竜の化石 158-9
瑪瑙化した恐竜の糞 160
モカ・ストーン 49
モーガンヒル・ポピー・ジャスパー 107
モクテズマ・アゲート 20-1
モス・アゲート 9, 20, 38, 50-1, 58-9, 79, 80, 86, 90, 101, 138
モッカイト 95
モリソナイト 102-3
モンタナ・モス・アゲート 50-1

【ヤ行】

遊色 6, 70, 76, 134
ヨンガイト 106

【ラ行】

ラグーナ・アゲート 5, 11-21, 60, 63
ラブラドライト 134
ラリマー 127
リヴィエラ・プルーム・アゲート 57
リージェンシー・ローズ・
 プルーム・アゲート 53
流紋岩 7, 68-77, 81, 94-5, 110-1, 148
菱マンガン鉱 131
リリパッド・ジャスパー 110
ルナー・アゲート 87
レイク・スペリオール・アゲート 28-9, 38-9
レインフォレスト・ジャスパー 81, 110
レインボー・カルシリカ 94
レース・アゲート 40-4, 112
レパード・スキン・ジャスパー 110-1
ロイヤル・インペリアル・ジャスパー 100
ロイヤル・サハラ・ジャスパー 148

【ワ行】

若狭めのう 78-9
ワード石 129
ワンダー・ストーン 111, 148

地名関連

アメリカ合衆国 34, 39, 50, 52, 70, 81, 94, 107, 112, 147, 156
　アイダホ州 76, 101, 103
　アリゾナ州 52, 93-4, 110-1, 136, 155
　オレゴン州 52-5, 68, 70-5, 101-3, 105-6, 110, 147, 149-52, 155
　カリフォルニア州 52, 54-6, 58, 60, 104-7, 112
　ケンタッキー州 86
　サウス・ダコタ州 39
　テキサス州 12, 52, 54-6
　テネシー州 86
　ニューメキシコ州 68-9, 74-5, 77, 148
　ネヴァダ州 111
　ミシガン州 28-9, 38-9, 94, 156
　モンタナ州 34-5, 50-1
　ユタ州 77, 109, 111, 115-6, 118-9, 128-9, 148, 154, 158-60
　ワイオミング州 106, 154-5
アフガニスタン 28
アルゼンチン 13, 22-7, 63, 77, 89, 92-3, 108, 131, 153-4
イエメン 45, 49
イギリス
　スコットランド 28-9, 36, 88
　イングランド 38, 147
イタリア 113, 138-46
イラン 28, 92
インド 48-9, 80, 112, 139, 157
インドネシア 108, 156
ウルグアイ 25, 29
エジプト 8, 139, 148
エチオピア 76
オーストラリア 37, 68, 74-5, 95, 104-5, 108, 110, 120, 126, 132
カザフスタン 50-1
カナダ 7, 134
ギリシア 7-8, 46, 93
ゴビ砂漠 6
コンゴ民主共和国 122-4
シリア 29
中華人民共和国 6, 8, 29, 38-9, 78, 80, 109, 112, 132-3, 138, 156
チェコ 60, 88
チベット 28
ドイツ 6-7, 61, 65-6, 68-9, 74-5, 119, 135
　イダー・オーバーシュタイン 8, 28, 45
ドミニカ 127
トルコ 28, 67
ナミビア 40, 132-3, 136
日本 6-8, 58, 60, 62, 74, 76, 78-81, 114-5, 124, 131, 138
　愛知県 62, 76
　青森県 38, 58, 63, 80-1, 131
　秋田県 81
　石川県 62, 74, 76, 78-9
　茨城県 81
　岐阜県 81
　富山県 79
　島根県 7, 78
　新潟県 78-9, 81
　福井県 78-9
　福岡県 78
　福島県 81
　北海道 6-7, 79, 115, 131
　山形県 78, 81
ニュージーランド 114-5
ハンガリー 58
東チモール 58
ブラジル 28-9, 45-6, 57, 64, 79, 82-5, 92-3, 137
フランス 46-7, 75, 120
ペルー 119
ボツワナ 29-33
ポーランド 10, 75, 108, 120-1, 135
マダガスカル 96-99, 118, 134, 157
南アフリカ共和国 107
メキシコ 5, 8, 11-21, 40-44, 56-7, 60, 66, 74, 87, 93-4, 100, 107, 109, 111
　アグアス・カリエンテス州 93, 111
　サカテカス州 100
　ソノラ州 109
　チワワ州 5, 8, 11-21, 40-4, 56-7, 59-60, 66-7, 74, 87, 94, 111
モザンビーク 61
モロッコ 90-2, 116-7
ロシア 61, 112, 121-2, 124-5, 130

その他

アッシリア文明 45
アリストテレス 139, 141
アルベルトゥス・マグヌス 139
『石の花』 122
イスラム 28, 45, 47, 112
ヴァレンシア大聖堂 47
『雲根志』 80
エカテリーナ2世 122, 125
エルンスト, マックス 141
ガマエ 46, 140
カルダーノ 46
旧約聖書 45, 130, 139-40
キリスト教 45-7, 130, 139, 140
『ギルガメシュ叙事詩』 45
キルヒャー, アタナシウス 139
グスタフ2世アドルフ 139-40
クンツ, ジョージ・フレデリック 46, 70
遣唐使 78
シュメール文明 45
聖杯 47
ダミゲロン 45
『日本書紀』 78
バビロニア 28, 45
ハインホッファー, フィリップ 139
『フィシオロゴス』 46-7
ピュロス王 46
フラクタル 141
プリニウス 45-6
ブルトン, アンドレ 141
勾玉 63, 78
マザラン 140
ミトラダテス1世 45, 47
李時珍 6, 46
リシュリュー 140
ルコント, ジュール=アントワーヌ 46
ルドルフ2世 138

参考資料

【出版物】

Karen A. Brzys, *Agates : Inside Out*, Gitche Gumee Agate and History Museum, Grand Marais, Michigan, USA, 2010.
Michael R. Carlson, *The Beauty of Banded Agates*, Fortification Press, Edina, Minnesota, USA, 2002.
Roger Clark, *Fairburn Agate : Gem of South Dakota*, Silverwind Agates, Wisconsin, USA, 2002.
Nick Crawford & David Anderson, *Scottish Agates*, Lapidary Stone Publications, Wiltshire, United Kingdom, 2010.
Ron Gibbs, *Agates and Jaspers*, theimage.com, USA, 2009.
Tom Harmon, *The River Runs North: A Story of Montana Moss Agate*, Cheryl and Tom Harmon Book Distributors, Crane, Montana, USA, 2000.
Roger Pabian with Brian Jackson, Peter Tandy & John Cromartie, *Agates : Treasures of the Earth*, Firefly Ltd., Buffalo, New York, USA, 2006.
Johann Zenz, *Agates*, Bode Verlag, Haltern, Germany, 2005.
Johann Zenz, *Agates II*, Bode Verlag, Haltern, Germany, 2009.

「愛石の友」編集部編、『日本の観賞石──全国産地ガイド』、石乃美社、1997年
ビル・アトキンソン、『WITHIN THE STONE ──ビル・アトキンソン作品集』、帆風、2004年
飯塚一雄、『技術史の旅』、株式会社日立製作所、1985年
梅田美由紀・吉澤康暢、『特別展解説書　きらきらクリスタル─水晶とそのなかまたち─』、福井市自然史博物館、2011年
ロジェ・カイヨワ、岡谷公二訳、『石が書く』(「創造の小径」)、新潮社、1975年
ロジェ・カイヨワ、山口三夫訳、『自然と美学──形体・美・芸術』、法政大学出版局、1972年
ロジェ・カイヨワ、塚崎幹夫訳、『イメージと人間──想像の役割と可能性についての試論』、思索社、1988年
加藤碵一・青木正博、『賢治と鉱物──文系のための鉱物学入門』、工作舎、2011年
蟹澤聰史、『石と人間の歴史』、中公新書、中央公論社、2010年
木内石亭、横江孚彦訳、『口語訳　雲根志』、雄山閣、2010年
ジョージ・フレデリック・クンツ、鏡リュウジ監訳、『図説　宝石と鉱物の文化誌──伝説・迷信・象徴』、原書房、2011年
ウーヴェ・ゲオルゲ、「『風景石』の秘密──フラクタルの不思議な世界」、(『GEO』1994年3月号)、同朋舎出版、1994年
澁澤龍彥、「石の夢」、(『書物の王国6　鉱物』)、国書刊行会、1997年
砂川一郎、『水晶・瑪瑙・オパール　ビジュアルガイド──成因・特徴・見分け方がわかる』、誠文堂新光社、2009年
中野美代子、『奇景の図像学』、角川春樹事務所、1996年
服部勇、『チャート・珪質堆積物──その堆積作用と続成過程』、近未来社、2008年
ユルギス・バルトルシャイティス、種村季弘・巖谷國士訳、『アベラシオン』(「バルトルシャイティス著作集1」)、国書刊行会、1991年
プリニウス、中野定雄・中野里美・中野美代訳、『プリニウスの博物誌』雄山閣出版、1986年
アンドレ・ブルトン、巖谷國士訳、「石の言語」(『書物の王国6　鉱物』)、国書刊行会、1997年
ロナルド・ルイス・ボネヴィッツ、青木正博訳、『岩石と宝石の大図鑑──岩石・鉱物・宝石・化石の決定版ガイドブック』、誠文堂新光社、2007年
堀秀道、『楽しい鉱物図鑑』、草思社、1992年
堀秀道、『楽しい鉱物図鑑2』、草思社、1997年
アルベルトゥス・マグヌス、沓掛俊夫編訳、『鉱物論』、朝倉書店、2004年
益富壽之助、『原色岩石図鑑(全改訂新版)』、保育社、1987年
益富壽之助、『石──昭和雲根志1』白川書院、1967年
李時珍、鈴木真海訳、『新註校定　國譯本草綱目　第三冊』、春陽堂書店、1974年

【ウェブサイト】

mindat.org ── http://www.mindat.org/
The Gem Shop, Inc. ── http://www.thegemshop.com/
Rare Rocks and Gems ── http://www.rarerocksandgems.com/
Βάρβαροι！ 言葉は通じるか？ ── http://web.kyoto-inet.or.jp/people/tiakio/
Jaspers ── http://www.worldofjaspers.com/
Achat-Almanach ── http://www.mineralworld.de/
Dwarves Earth Treasures ── http://www.sailorenergy.net/Minerals/MineralMain.html
Basin Range Volcanics Geolapidary museum ── http://www.zianet.com/geodekid/
Pietra Paesina ── http://www.pietrapaesina.com/

あ と が き

　石をめぐる最初の記憶は、3歳の頃のものだ。その頃私の家族は北米に住んでいた。帰国前、父が運転する車で霧深いロッキー山脈を越え、アリゾナの砂漠を訪れた。土産物屋で4歳年上の姉が小さな色とりどりの石を買ってもらったのを憶えている。ピーナッツくらいの小さな石がいくつか。砂漠の砂に磨かれた瑪瑙やトルコ石、または珪化木の破片だったかもしれない。手のひらの上で色鮮やかに輝いていた。羨ましく眺めたことを、同年帰国した後も、曖昧な異国の印象とともに繰り返し思い出した。

　その後、私は河原で石を拾うことはあっても、鉱物少年になることはなく、クワガタやテレビの中の怪獣や宇宙人を気にする、ごく普通の子供時代を過ごし、やがて姉の石の思い出も記憶の底に沈んでいった。

　再び石に強い関心を持つようになったのは、二十歳をとうに過ぎてからだ。フランスの哲学者ロジェ・カイヨワの著書『石が書く』に掲載された瑪瑙やバリッシャー石、風景石の画像に強烈に引きつけられた。こんなに魅力的な図像があるのかと、絵画集を見るような感覚で、繰り返し本を開いた。

　数年後、鉱物フェアに足を運ぶようになり、さらに海外の業者や愛好家から直接求めるようになり、今に至っている。こうして考えてみると、私は最初から石の模様、石が描く「絵」にひかれてきたのであり、どこか美術的な興味で石に接してきたのだと思う。自分で採集などをするようになったのはずっと後のことで、比較的最近になって少しずつ鉱物学を学び始めているのだから、一般的な鉱物ファンとはかなり違う、一種邪道をたどったと言えるかもしれない。

　カイヨワの『石が書く』は、石の模様と人間の想像力について書かれた本だが、石の模様を美術的に紹介した優れた画集でもあった。彼は、石の模様を、人によるあらゆる芸術的創作などに先立つもので、その造形には「すでに達成されている」としか言いようのないものがある、と記している。

　この本が『石が書く』の文化論に及ぶものではないと承知しているが、画集としての『石が書く』を大きく展開したものになればという思いで制作した。様々な事情から収録されている標本には産地の偏りもあるが、紙幅の許すかぎり、石の造形のバリエーションを多く見ていただくように作ったつもりだ。

　近年、欧米で石のテクスチャーを部分的にとりだし、高い解像力で自然が生んだ絵画として見せる優れた写真集が複数出ているし、ネット上でも同じような試みをする人は多い。私も同じ嗜好を持ってはいるが、石は石として、その外形も見せたいという気持ちがある。瑪瑙の模様は切り出すことによってしか見ることができない。閉じた団塊はその内に造形の無限の可能性を秘めているが、これにやり直しのきかない限定、破壊を加

えることでしか、私たちは内部に触れることはできない。そこでさらにその一部を四角くトリミングした図像だけを並べることには、私には、どこか抵抗がある。瑪瑙やジャスパーの美しい模様を見るとき、私たちはそれがまさに石塊の内側から現れていることに驚き、自然が生み出す造形の妙に感嘆する。本書を手にとってくださる方々にも同じようなかたちで見ていただきたく、大きな脈から切り出したもの、細かなディテールを拡大表示したものを除いて、できるだけ石の外形を見せようと努めた。

　模様石の収集を始めて数年後、ブリテン島のストーンサークルやピクト人の石碑などの古代遺跡にも強い関心をもっていた私は、撮り歩いた遺跡の写真と、収集した石の模様の写真をまとめて、「風景のなかの石、石のなかの風景」として、Lithos Graphicsというウェブサイトで紹介してきた。サイトを通じて、多くの人と知り合った。遥か遠く、スコットランドの海岸で拾われ、半分に切り分けられた瑪瑙が、何年かそれぞれ異なる人の手を経て旅をし、偶然、私の手元で再びひとつに再会したこともある。不思議な縁だ。本書に収録された石のほとんどは、自分が所蔵しているものだが、ネットを通じて知り合った様々な人たちにも貴重な写真を提供していただいた。直接お会いしたことのない人たちばかりだが、石がとりもってくれた縁に感謝したい。

　本書の執筆にあたっては以下の方々に助けていただいた。全体に目を通してくださり、貴重なアドバイスをくださった菅谷暁氏、Johann Zenz氏、遣唐使の瑪瑙の記述に関してご教示くださった戸倉英美氏、ジャスパーなどに関して度々質問にお答えくださった福井市自然史博物館の梅田美由紀氏、本の構成などについて助言をくださったThom Lane氏、Kathleen Fink氏、メキシコの瑪瑙の産地について詳しい資料を提供してくだった Brad Cross氏に心より御礼申し上げる。

　また、本書の企画・制作にあたっては創元社編集部の山口泰生氏に大変お世話になった。わがままを聞いてくださり、制作が遅れがちな私を最後まで励ましてくださった氏に感謝申し上げたい。

　本書を、度を越した石収集につきあってくれた家族と、今年この世を去った父と姉に捧げる。

2011年12月31日

山田英春

本書の執筆、制作にあたって以下の方々に貴重な標本、写真の提供をいただいた。
ここに記して御礼申し上げたい。
Special Thanks to the following people who kindly offered photographs of stones for the book.

加賀沢秀美（観賞石の館「石三昧」http://www.geocities.jp/btxnr687/）── No.205（撮影＝著者）
鉱物たちの庭 SPS（鉱物たちの庭　http://www.ne.jp/asahi/lapis/fluorite/）── No.248
田旗勝之── No.206
秩父珍石館── No.289（撮影＝著者）
峠武宏（峠の石屋　http://agate.ocnk.net/）── No.180, 231（撮影＝著者）
an anonymous New York collector ── No.058
Jeffrey Anderson（Dwarves Earth Treasures　http://www.sailorenergy.net/Minerals/MineralMain.html）── No.147
Rob Burns ── No.088, 139
Nick Crawford ── No.061
Kathleen Fink ── No.254
Thom Lane（The Agate Trader.com　http://www.theagatetrader.com/）── No.263, 340, 346
Alan Meltzer（dive4blood@yahoo.com）── No.027, 029, 037, 195, 365-368
Philip Stephenson（Rare Rocks and Gems　http://www.rarerocksandgems.com/）── No.250-253, 255, 256
Johann Zenz（Agate and Jasper　http://www.achate.at/）── No.005, 032, 062

また、以下の方々にも貴重な情報・アドバイスをいただいた。厚く御礼申し上げる。
Also thanks to the following people for giving me information about the stones.

Ricardo Birnie, Brad Cross, Terry Maple, Eugene Mueller, Pécsi Tivadar, Ila Zaveri, Michal Zíta

著者略歴

山田英春
（やまだ・ひではる）

❖

1962年東京生まれ。国際基督教大学卒業。
書籍の装丁の仕事のかたわら、世界各地の先史時代の遺跡・壁画の撮影を続けている。
著書に『巨石——イギリス・アイルランドの古代を歩く』（早川書房、2006年）、
『石の卵——たくさんのふしぎ傑作集』（福音館書店、2014年）、
『インサイド・ザ・ストーン』（創元社、2015年）、
『四万年の絵』（『たくさんのふしぎ』2016年7月号、福音館書店）、
『奇妙で美しい石の世界』（ちくま新書、2017年）、『風景の石　パエジナ』（創元社、2019年）、
『花束の石 プルーム・アゲート』（創元社、2020年）、『縞と色彩の石 アゲート』（創元社、2020年）、
『ストーンヘンジ』（筑摩選書、2023年）が、
編書に『増補愛蔵版　美しいアンティーク鉱物画の本』（創元社、2023年）、
『美しいアンティーク生物画の本——クラゲ・ウニ・ヒトデ篇』（創元社、2017年）、
『奇岩の世界』（創元社、2018年）がある。
web site: https://lithos-graphics.com

ブックデザイン——山田英春

不思議で美しい石の図鑑

2012年2月20日第1版第1刷　発行
2025年5月20日第1版第9刷　発行

著者——山田英春
発行者——矢部敬一
発行所——株式会社創元社
https://www.sogensha.co.jp/
本社▶〒541-0047 大阪市中央区淡路町 4-3-6
Tel.06-6231-9010 Fax.06-6233-3111
東京支店▶〒101-0051 東京都千代田区神田神保町 1-2　田辺ビル
Tel.03-6811-0662

印刷所——TOPPANクロレ株式会社

©2012 Hideharu Yamada, Printed in Japan
ISBN978-4-422-44001-9　C0044
〈検印廃止〉落丁・乱丁のときはお取り替えいたします。

JCOPY 〈出版者著作権管理機構 委託出版物〉
本書の無断複製は著作権法上での例外を除き禁じられています。
複製される場合は、そのつど事前に、出版者著作権管理機構
（電話 03-5244-5088、FAX 03-5244-5089、e-mail: info@jcopy.or.jp）の許諾を得てください。